U0453707

采棉机驾驶员
培训教材

主　编　张春萍
副主编　何　岩　　李景霞
主　审　张千红　　阿依努尔·帕孜

重庆大学出版社

图书在版编目（CIP）数据

采棉机驾驶员培训教材 / 张春萍主编. -- 重庆：
重庆大学出版社，2021.8
ISBN 978-7-5689-2989-9

Ⅰ. ①采… Ⅱ. ①张… Ⅲ. ①棉花收获机—驾驶员—
技术培训—教材 Ⅳ. ①S225.91

中国版本图书馆 CIP 数据核字（2021）第 201473 号

采棉机驾驶员培训教材
CAIMIANJI JIASHIYUAN PEIXUN JIAOCAI

主　编　张春萍
副主编　何　岩　李景霞
主　审　张千红　阿依努尔·帕孜
策划编辑：鲁　黎
责任编辑：李定群　　版式设计：鲁　黎
责任校对：王　倩　责任印制：张　策

*

重庆大学出版社出版发行
出版人：饶帮华
社址：重庆市沙坪坝区大学城西路 21 号
邮编：401331
电话：(023)88617190　88617185(中小学)
传真：(023)88617186　88617166
网址：http://www.cqup.com.cn
邮箱：fxk@cqup.com.cn（营销中心）
全国新华书店经销
重庆俊蒲印务有限公司印刷

*

开本：787mm×1092mm　1/16　印张：11.25　字数：147 千
2021 年 8 月第 1 版　　2021 年 8 月第 1 次印刷
印数：1—2 000
ISBN 978-7-5689-2989-9　定价：38.00 元

编委会

主　任：朱卫东

委　员：沈建知　孙晓辉

　　　　孙　鹏　苏　菲

前　言

随着农业科学技术的不断发展，推广农业机械化种植是现代农业发展的必然趋势。在棉花种植实践中，已基本实现全程机械化生产。采用全程机械化作业的模式，可减少劳动成本，提高生产效率，获得更多的经济效益。为充分发挥好农业机械在棉花种植生产中的作用，加快农村劳动力转移就业，促进农业农村机械化事业的发展，造就一批高素质农村人才队伍，我们组织相关技术人员编写了本书。书中用通俗易懂的文字和图片详细介绍了采棉机的基本构造、使用调整、常见故障及排除方法、相关法规条例等，力争达到实用、简单、明了的效果。

本书共5章，第1章对采棉机国内外发展情况进行阐述，同时介绍了目前普遍使用的几款采棉机；第2章对采棉机的相关技术要求、性能指标、品种选择、棉花高产栽培技术及病虫害防治等农艺知识进行阐述与分析；第3章是采棉机结构及工作原理；

第 4 章是采棉机的维修保养及故障排除；第 5 章是对采棉机的安全技术、日常管理、注意事项进行阐述与分析。附录是拖拉机和联合收割机驾驶证考试及相关要求。

本书由乌苏市农业农村局（农牧业机械化技术学校）张春萍担任主编，由乌苏市农业农村局（农牧业机械化技术学校）何岩、李景霞担任副主编，主审为张千红、阿依努尔·帕孜。具体撰写分工如下：张春萍编写第 2 章、第 3 章、第 5 章，何岩编写第 1 章，李景霞编写第 4 章。全书由张春萍统稿完成。

由于编者水平有限，书中难免有疏漏和不妥之处，恳请同行专家和读者批评指正。

编　者

2021 年 1 月

目 录

第1章　概　述

　　棉花是我国重要的经济作物和战略物资,在国民经济和社会发展中占有重要地位。目前,在我国的三大棉花种植区域(长江、黄河、西北内陆)中,新疆的棉花产量最高。2014年,国家开始实施棉花目标价格改革试点,经过实施目标价格补贴,采取非均衡政策重点支持新疆棉花产业的发展,使新疆的棉花产业在全国棉花产业中出现了一枝独秀的局面。长江流域和黄河流域棉花生产的重心也随之迁移到了新疆。

　　新疆地处祖国西北部,光照时间长,昼夜温差大,无霜期长,具有棉花生产得天独厚的优势。近年来,新疆大力推广机采棉、精量播种和滴灌技术等一系列棉花种植新技术,降低了劳动成本,更进一步促进了棉花生产的发展。

　　据统计,2020年我国棉花种植面积为333.9万hm^2(1 hm^2 = 10 000 m^2),产量为588.9万t,新疆棉花种植面积为254万hm^2,产量为500.2万t。新疆棉花种植面积和产量分别约占全国的76.1%和84.9%,成为国家名副其实的第一大产棉区,在全国棉花生产中占有举足轻重的作用。

　　采棉机是一种结构复杂、零部件制造工艺水平和精度要求都很高的棉花收获机械。采棉机集成了行走、采摘、梳脱、清选、收集及打包等复杂功能,不但要求机电液一体化,而且在作业过程中需要全程监控和动态调整,是典型的技术密集型、信息密集型的高附加值的农机装备。

2015年以来,学习采棉机驾驶技术,研究采棉机的结构、原理和维修保养的人员逐年增加。但是,适合采棉机驾驶员学习的专业读本却不多。编者根据多年的工作经验,查阅了大量的相关文献,编写了本书。这对提高采棉机使用效率和经济效益,发展农业生产,促进农民增产增收具有十分重要的意义。

1.1　中国采棉机发展简史

随着新疆市场的快速发展,国产采棉机的知名度和市场空间都在逐步提高,农机人对采棉机的兴趣也越来越大。

发展至今,其最为核心的采棉头主要有水平摘锭和垂直摘锭两种方式。按阶段划分,我国采棉机经历了探索、起步和发展3个阶段。

1.1.1　探索阶段:走水平摘锭路线

从1952年开始,我国陆续投入资金,想解决棉花收获问题。这一时期我国想要建成棉花全程机械化模式,引进了垂直摘锭式采棉机进行试验。

这种采棉机的优势有很多,主要是采摘部件结构简单,生产制

造要求低。但是,劣势也很明显,采净率低,含杂率高,撞落棉多,损失太大。代表机型有 XBH-1.2 型 2 行采棉机和 XC-15 型 4 行采棉机。

1)探索阶段引进的采棉机产品

我国在试验过程中,发现垂直摘锭式劣势太过明显,不适合国情,也因此未能得到推广。一直到 1990 年,我国基本上全面、彻底地放弃了垂直摘锭技术路线。

从 1992 年开始,我国开始尝试引进美国凯斯公司的 2022 型 2 行采棉机,并先后在一些地区进行试验。

2)凯斯 2 行采棉机产品

美国凯斯公司采棉机采用的是水平摘锭模式,采摘部件结构复杂,生产制造要求非常高。其特点是采净率高,含杂率较低,最为关键的是采棉头撞击掉落的棉花损失也非常小,整体损失率非常低。

经过多轮试验,专家们一致认为,这种采棉机适合我国国情,决定引进使用。从此,正式开启了我国采棉机批量使用的历史。

1.1.2　起步阶段:农机院开创研发先河

由于我国大量采棉工的存在,过去棉花采摘都是人工为主,采棉机高昂的价格实在让人望而生畏。因此,我国开始投入财力和物力,致力于国产采棉机的研发。

这一时期,新疆生产建设兵团因为有资金上的优势,先后引进了不少美国产品。但是,其采棉机主要是投资经营,要求两三年回本,还受制于采棉质量和采净率的影响,进口采棉机销量并不多。

1)5 行采棉机研发正式国产化

2002 年在采棉机历史上是具有标志性的一年。

这一年,作为我国农机领域的顶级研发机构,与具有实力雄厚的贵州平水机械有限责任公司(简称"贵州平水公司")联合开发 5 行自走式采棉机,这种技术来源于美国另一家公司——约翰·迪尔公司。

从此,我国开启了研发生产采棉机的历史。

由中国农业机械化科学研究院(简称"中国农机院")的技术人员进行技术消化,贵州平水公司试验试制,最终在石河子建立生产基地,也就是采棉机行业鼎鼎大名的贵航,生产制造贵航牌 5 行采棉机。

2)5 行棉箱式采棉机

当时同为 5 行产品,贵航销售价不足进口车一半,最高年份曾达到 92 台的销售量,不但在地方上有销售,生产建设兵团也进行了大量的市场投放。

据不完全统计,后来贵航 5 行采棉机累计销售接近 700 台,至今不少产品仍在使用。而进口的 5 行采棉机新车,现在售价已严重缩水,甚至一些地方已降至 200 万元左右。

可见,国产采棉机对市场的贡献,远不止销售占有市场那么简单,还迫使进口产品不得已而降价,为购机用户省钱,也算贡献不小。

1.1.3 发展阶段:技术开枝散叶

从 2008—2015 年,由中国农机院研发、石河子贵航生产的 4MZ-5 型自走式采棉机,开启了我国采棉机推广应用的先河。

2012 年,我国采棉机研发迈入一个小高潮。当年由中国农机院、贵州平水公司和上海交大共同研发的 **4MZ-5A** 型智能采棉机问世。

1)智能采棉机田间试验

智能采棉机具有自动对行、在线测产以及作业速度自动控制等特点,可称为我国智能农机的开创性产品。

我国采棉机真正利好的产品是 3 行机。

2010 年,中国农机院与贵州平水公司联合研制了我国第一台拥有完全自主知识产权的 4MZ-3 型采棉机,填补了国际空白。

2013 年,中国农机院旗下公司现代农装,其农机品牌 3 行采棉机率先投入市场,此后带动了国内多家企业也进入采棉机行业。

紧接着,2014 年,钵施然;2015 年,常州正工;2017 年,常州东风;2018 年,山东天鹅。

2)国产 3 行机

采棉机 3 行型号家族,几乎每年一个品牌在进入。

更值得一提的是,2013 年,中国农机院研发了方包式 6 行采棉机,以此拉开了我国 6 行采棉机研发的序幕。直到 2017 年,中国农机院研发了棉箱式 6 行采棉机,钵施然、东风、铁建重工相继也开发了棉箱式 6 行采棉机。

从发展历程可以看出,中国农机院是我国采棉机研发生产的奠基者、引领者。中农机品牌,更是采棉机的一种象征。

从 5 行到 3 行,从方包到棉箱,目前中农机 6 行圆包产品已在做可靠性试验,或许又将引领一个新的国产方向。

随着市场的变化,采棉机的形式也会不断改变,新的型号将不断问世。

1.2 国内采棉机发展现状

早在 20 世纪 50 年代,我国就开始引进和开发机采棉技术。这方面的工作主要在新疆生产建设兵团进行,先后引进了数十台 3 种型号的采棉机,但因各种原因,这些采棉机都没有得到推广。

直到 20 世纪 90 年代中期,农村劳动力转移,棉花生产劳动力紧缺矛盾日益凸显,新疆生产建设兵团经过 5 年的反复试验,首先探索出了从种植、采收到加工的完整生产模式。近年来,随着经济社会快速发展,劳动力资源短缺日益严重,人工采摘棉花的费用大幅上涨,各植棉区政府和棉农都看到发展机采棉势在必行,纷纷大力推广机采棉技术,导致出现采棉机供需严重失衡的现象,由 2010 年以前的卖方市场迅速转变为买方市场,一度产生了采棉机抢购风潮。

我国在采棉机发展上采取引进、消化、吸收的方式,包括在引进国外采棉机主要工作部件的基础上,设计出一些机型。一些小型企业和个人研究开发小型采棉机,也开发出了一些样机进行试验,都存在一些问题,没有在生产中大量使用。2002 年中国航空工业贵气集团平水机械有限责任公司和中国农机科学院合作,成立了石河子贵航农机装备有限公司,在引进、消化、吸收国外经验的基础上,公司进行了多项技术创新,先后获得 7 项国家专利技术,最终研制出具有自主知识产权的国产采棉机,2008 年获得推广许可证,并开始批量生产。2011—2019 年,我国采棉机补贴额度得到大幅提升。根据采棉机行业分析数据,由最初的 2008—2011 年的 20 万/台补贴,到 2015—2019 年的 3 ~ 4 行自走式 30 万/台、5 行及以上自走式 60 万/台补贴等。伴随国家对采棉机补贴的不断增长,激发了种植户的购买热情,同时伴随不断增长的劳动力成本和日趋减少的农村劳动力等综合因素叠加,采棉机使用开始大幅增加。2015 年以来,我国采棉机市场开始进入快速成长阶段。

乌苏市位于天山北坡,准噶尔盆地西南缘,气候系大陆性北温带干旱气候,具有热量丰富、日照充足、蒸发强烈、降水量少、冬寒长、夏热短等气候特点。属于农业县市,农作物总种植面积为215.54 万亩(1 亩 = 666.67 m²),2020 年棉花种植面积为 170.86 万亩,约占总耕种面积的 80%。目前,采棉机登记在册 509 台。其中,约翰·迪尔采棉机 154 台,钵施然采棉机 229 台,凯斯采棉机34 台,其他型号采棉机 92 台。

乌苏市石桥乡、车排子镇属于温带大陆性气候。其特点是日照时间长,昼夜温差大。无霜期年平均 175 d,年平均日照时数3 630 h。辖区土地肥沃,光照充足,毗邻团场,是乌苏引进机械化采棉较早的乡镇。2020 年,石桥乡、车排子镇棉花种植面积占总耕种面积的 98% 以上,籽棉单产为 450~550 kg/亩,适合种植棉花,属于乌苏市的棉花高产区。

位于乌苏市化工园区的新疆钵施然智能农机股份有限公司(简称"新疆钵施然公司"或"钵施然",见图 1.1)成立于 2009 年,主要研发生产采棉机、精量播种机等农业机械产品。该公司生产的采棉机主要产品有 4MZ-3A 型自走式采棉机、4MZ-5A 型自走式采棉机和 4MZ-6A 型自走式采棉机。

图 1.1 新疆钵施然公司

1.3 国外采棉机发展现状

采棉机的发展已有 150 多年的历史。美国在 20 世纪 50 年代开始大面积推广,到 70 年代中期得到全面应用。目前,世界上几个主要产棉国家,美国、澳大利亚、以色列等棉花生产已实现了全程机械化。另外,中亚的乌兹别克斯坦、南美洲的巴西等机械采棉也已达到 90%,机采棉技术在这些国家早已成为一项成熟的常规生产技术。美国的国情和现代化的农业机械水平,促使棉花生产不断向规模化、集约化方向发展。最开始美国有 10 多家从事采棉机研发制造的公司,但因市场竞争日趋激烈,最终只剩下两家规模较大的专业生产制造厂家,即约翰·迪尔(JOHN DEERE)和凯斯(CASE CORP)。这两家公司的水平摘锭式采棉机自动化程度很高,新疆生产建设兵团引进的主要是这两家公司的自走式采棉机。如图 1.2 所示为约翰·迪尔采棉机。

(a)7660型　　　　　　　　　　(b)CP690型

图 1.2　约翰·迪尔采棉机

阿根廷的棉花种植面积也很大,其棉花采收机械化水平也较高。阿根廷对棉花收获机械化的研究较早,始于 20 世纪 40 年代。其用户主要是中小规模的棉农,这正是梳齿式采棉机的服务对象。梳齿式采棉机是一种新型的棉花采摘机,如图 1.3 所示。它将籽棉、青铃和枝叶等收回,并自带简易清花设备,可将大部分枝叶分离清选。

图 1.3　阿根廷梳齿式采棉机

1.4　常用采棉机介绍

目前,被广泛认可并普遍使用的采棉机主要有钵施然 4MZ-3A 型 3 头采棉机、约翰·迪尔 CP 690 型 6 头采棉机(俗称下蛋机)和约翰·迪尔 7660 型棉箱式采棉机(6 头)。

这 3 款采棉机均为水平摘锭式采棉机。其主要特点如下:

①采摘效率高,日工效相当于 500 多劳力的日工效。

②整机具有较高的加工精度和制造质量,故障少,班次作业间利用率较高。

③具有较完备的电子监控系统,发生异常现象能及时报警,并显示故障部位,以便及时排除。

④采摘部件装有液压仿形感应装置,可随地面高低迅速反应,使采摘部件始终与地面保持一定的高度,能提高采棉质量和作业速度。

⑤自动润滑系统可实现边作业、边润滑,操作简便,可大大减少辅助保养时间。

1.4.1　钵施然 4MZ-3A 自走式采棉机

新疆钵施然智能农机股份有限公司是国内乃至全亚洲少有的能同时生产 3 行、5 行、6 行采棉机的企业。其主要产品有 4MZ-3A 型自走式采棉机、4MZ-5A 型自走式采棉机和 4MZ-6A 型自走式采棉机。

国内从事采棉机的企业十分稀少,算上早期的石河子贵航、新疆钵施然、现代农装,以及近年刚进入的星光正工、常州东风、山东天鹅棉业等,也不过 10 余家企业。

历经多年的技术储备,钵施然的采棉机终于在 2018 年开始批量上市。

1)钵施然采棉机的主要优势

①相对外资品牌的采棉机价格低。
②收获效率高,采净率高,含杂率低。
③性能稳定。

2)钵施然 4MZ-3A 型自走式采棉机的产品特点(见图 1.4)

①大功率涡轮增压发动机,动力强劲。
②电控全自动变速箱,挡位切换一键搞定,准确可靠。

③全电控操作。

④大容量双层棉箱,减少往返卸棉时间,采棉有效时间更长。

⑤采棉头、风机和行走机构均采用液压传动,性能可靠,运转平稳,操作简单。

⑥大空间,大视角的驾驶室。

⑦采用垂直式风机送风,风力强劲。

⑧发动机舱升温式水路设计,采棉时不结冰。

⑨整体焊接式后桥,低压后轮,采棉状态稳定,作业质量较好。

图 1.4　钵施然 4MZ-3A 型自走式采棉机

1.4.2　约翰·迪尔采棉机

约翰·迪尔公司是全球最大的采棉机生产企业。采棉机市场占有量大,具有操作便利、易保养维修、棉箱容量大、卸棉快等特点。在新疆市场上应用的约翰·迪尔自走式采棉机主要有 CP 690 型自走式打包采棉机、9970 型自走式采棉机、7660 型棉箱式采棉机(6 行)及 9660 型 6 行采棉机等。

1)约翰·迪尔 7660 型棉箱式采棉机介绍

该机型是约翰·迪尔公司第五代 6 行采棉机,如图 1.5 所示。

图 1.5 约翰·迪尔 7660 型棉箱式采棉机

约翰·迪尔 7660 型棉箱式采棉机的特点如下：

（1）发动机

约翰·迪尔 7660 型棉箱式采棉机额定功率为 373 马力（1 马力≈0.74 kW）、电子控制的柴油发动机，6 缸，单缸四阀，排气量 9 L，高压共轨燃油供给系统，可变几何截面涡轮增压器（VGT），尾气再循环系统（EGR），符合排放标准。柴油箱容积 1 136 L，确保机器能在田间有更多的采摘作业时间。同时，配有油水分离功能的 3 级柴油过滤器。

7660 型棉箱式采棉机适应在高产和泥泞的田间条件下进行采摘作业。

（2）变速箱

约翰·迪尔 7660 型棉箱式采棉机配备全自动换挡变速箱（AST），允许驾驶员在行进间仅需按动按钮，就可平稳变速。在四轮驱动模式下，一挡采摘速度为 6.8 km/h，与采棉滚筒转速同步。二挡采摘速度可达到 8.1 km/h。田间转移时的行驶速度可达 14.5 km/h，道路行驶速度可达 27.4 km/h。

（3）采棉头

约翰·迪尔 7660 型棉箱式采棉机采棉头的前采棉滚筒有 16 根摘锭座管，后采棉滚筒有 12 根摘锭座管，每根摘锭座管有 20 排摘锭。

每个采棉头中的两个采棉滚筒呈"一"字形前后排列,外形窄,使驾驶员在采棉头之间有较大的空间进行检修和清洁保养工作。可用手柄将每个采棉头移动到需要的位置。田间清理采棉头和维修保养方便。采棉头的采摘行距配置适应性更广,能收获种植行距分别为 76,81,91,97,102 cm 的棉花。采棉头能采摘收获种植行距为 38 cm 和 97 cm+38 cm 或 102 cm+38 cm 宽窄行种植的棉花。采棉头电子高度探测器为标准配置。

最显著的变化是,7660 型棉箱式采棉机采棉头的动力传动由过去的机械式传动改为现在的液压式传动。两个液压马达分别给左右各 3 个采棉头传输动力,减少了传动系统所需的零配件,降低了传动产生的噪声,使采棉头的采净率和采摘效率得到进一步提高。

采棉头安装了 ROW-TRAK 对行行走导向探测器后,与后轴上的感应器和液压转向阀组合在一起,实现自动对行行走,驾驶员不用打方向盘。这样,不仅减轻了驾驶员的疲劳强度,也进一步提高了采摘效率。

(4)双风机

约翰·迪尔 7660 型棉箱式采棉机配备了高效输送籽棉的双风机(见图 1.6),能更好地满足农场主对棉花高效率收获的要求,更适合相对潮湿的棉田条件下的棉花采摘收获。铝制的风机罩减小了整车质量。具有双风机配置的 7660 型棉箱式采棉机,减少了

图 1.6 约翰·迪尔 7660 型棉箱式采棉机的双风机

籽棉阻塞采棉头的次数,甚至在不平坦的棉田,特别是在早晚有露水的棉田中,都能使机器保持理想的采摘速度。双风机在发动机舱内增加的气流,使机器内部更干净。

(5)棉箱

约翰·迪尔 7660 型棉箱式采棉机棉箱容积 39.2 m³,带 3 个压实搅龙。棉箱内有"装满"监视器,在驾驶室有视觉和听觉信号报警。当棉箱装满时,压实搅龙自动启动 20 s,对籽棉进行压实。棉箱和输棉管的升起或降落全部由液压控制。棉箱的升起或降落可由一个人操作并在 1 min 内完成。棉箱配置两级卸棉输送器,卸棉速度快。

(6)驾驶室

约翰·迪尔 7660 型棉箱式采棉机有自动温度控制、自动加压的驾驶室。驾驶室有倾斜式的玻璃,保证驾驶员有很好的视野,以便观察每个采棉头的工作状况。配有空气悬浮功能和带安全带的座椅,以及培训(副驾驶)座椅。带控制手柄的控制台安装有显示器,驾驶员可通过触摸式屏幕操作搅龙压实棉花的时间,查看机器行驶速度和对行行走的状态以及各种报警信号和故障诊断信号。多功能的角柱式监视器显示发动机温度、燃油表、发电机表及风机转速等。

(7)电气系统

约翰·迪尔 7660 型棉箱式采棉机配有 1 个 200 A 的交流发电机和 3 个 12 V 的电瓶。

(8)底盘和轮胎

约翰·迪尔 7660 型棉箱式采棉机采用与 7760 型打包采棉机相同的高地隙底盘(见图 1.7),使驾驶员更容易接近底盘下的发动机舱进行日常保养和维修。

在不需要使用刹车的情况下,7660 型棉箱式采棉机的转弯半径仅为 3.96 m;在使用刹车的情况下,其转弯半径仅为 2.14 m。同时,机器具有更好的机动灵活性,能在田间作业时获得最大的收获效率。

图 1.7 约翰·迪尔 7660 型棉箱式采棉机的高地隙底盘

(9)液体箱容积

约翰·迪尔 7660 型棉箱式采棉机的柴油箱容积为 1 136 L,润滑脂箱为 303 L,清洗液箱为 1 363 L,可保证机器连续在田间作业12 h。

(10)AMS 约翰·迪尔精准农业管理系统

约翰·迪尔 7660 型棉箱式采棉机选装了显示屏和农场管理软件的数据卡后,通过安装在输棉管上的籽棉流量感应器,可实时测定棉花的皮棉产量,显示和记录已收获的面积、收获日期、工作小时数及平均棉花单产量等参数,有利于农场主对棉花生产进行精准化的管理。

约翰·迪尔 7660 型棉箱式采棉机是约翰·迪尔公司对棉花机械化收获事业发展承诺的最新标志性产品。它的正式推出,进一步巩固了约翰·迪尔公司在世界棉花机械化收获领域在技术和产品上的领先地位。

2)约翰·迪尔 CP 690 型自走式打包采棉机

CP 690 型是在 7760 型原有的一人一机高效率收获模式的基

础上,进行了实质性的改进,使动力更强劲,性能更佳,速度更快。CP 690 型可谓"尽善尽美的采棉机"(见图 1.8、图 1.9)。

图 1.8　约翰·迪尔 CP 690 型自走式打包采棉机(侧面)

图 1.9　约翰·迪尔 CP 690 型自走式打包采棉机(正面)

在驾驶室内和驾驶室顶部采用发光二极管(LED)照明灯,即使在能见度不甚理想的情况下,也能在夜间实现正常的田间采摘作业。

采用对行行走系统,使驾驶员能集中精力观察田间采摘环境,而不是控制机器转向。同时,易于操作,尤其有利于黄昏和夜间的

对行采摘作业,可减轻驾驶员的操作压力和疲劳强度。

（1）动力

柴油发动机的排气量为 13.5 L,功率为 560 马力,还包括 30 马力带电子控制的动力爆发,即使在困难的作业条件下,也不会出现动力不足的问题。CP 690 型采棉机能在 1 h 内完成 60 亩的棉花收获作业。

（2）性能

采用自动换挡变速箱,配备防止打滑控制系统,以确保前后牵引力的稳定性。驾驶员在行进间只需通过按钮操作,即可实现平稳变速。该机的多功能控制杆简单易行,采用模块化设计,只需一触式操作,即可实现棉包卸载。另外,该机采用 LED 驾驶室照明以及直管型 LED 照明设备,在能见度不甚理想的情况下,也能实现正常作业。因此,它也适宜夜间操作。

（3）速度

CP 690 型采棉机的田间采摘行进速度:一挡采摘速度可达 7.1 km/h;二挡采摘速度可达 8.5 km/h。

（4）运行时间

机器液压油的更换间隔周期,从 7760 型采棉机的 400 h,升级到 CP 690 型采棉机的 1 000 h。对采棉头脱棉盘系统的调整工作变得更简单、更方便,只需一把采棉头专用工具即可完成,对"减少停机时间"创造了新的定义。为方便起见,还设置了辅助风扇,有助于提高自清洁旋转过滤网和初级空气过滤器的清洗质量。另外,采用低温启动技术,进一步改善了采棉机在寒冷气候条件下的运行可靠性。

（5）技术先进

驾驶室配有全新设计的数字角柱显示器,能清晰地显示机器各个系统的运行状态参数,无须通过屏幕滚动。同时,配置了中文界面触摸显示器和约翰·迪尔触摸显示屏。它是整个机器的控制中心,可将其视为收获作业的总指挥。

1.4.3 凯斯采棉机

凯斯采棉机具有采净率高、操作保养方便等特点,如图 1.10 所示。凯斯公司生产了全世界第一台带籽棉打垛功能的 ME626 型采棉机。新疆市场上应用的凯斯系列采棉机主要有 2555 型 5 行机、CPX620 型 6 行机等。

图 1.10 凯斯采棉机

经过对新疆市场上应用的各类采棉机作业全面调查了解,目前使用的采棉机结构设计和工作原理基本相似,区别主要在局部设计和配置上。进口采棉机技术先进,工作可靠性较强,作业效率较高,但价格高,其使用成本也高。国产采棉机价格相对较低,工作可靠性、作业效率在逐步提高,正被广大用户接受并广泛使用。

第2章　采棉机相关技术

机采棉技术是一项系统工程技术。它涉及机械化植棉技术（土地平整、精耕细作、精密播种、肥料深施、药肥喷洒、合理灌溉、打顶、化学脱叶、清田腾地及秋翻冬灌）、机械化采棉技术（机械采收、采棉机工艺服务、快速检修、短途运输及科学存储）、科学检测与收购（合理扣水杂与快速定级）、现代棉花加工技术（籽棉输送、籽棉清理、皮棉加工、喷湿回潮及国际打包）等。

2.1　机采前棉田状态要求

满足以下工作条件时，采棉机才能正常工作：

①为提高采净率和减少棉花的含杂率，脱叶催熟剂必须在采收前 18～25 d 使用，且适宜气温一般为 18～20 ℃。

②采棉机适应宽窄行或单行棉花的采收,相邻窄行中心为90 cm,窄行宽度不大于 14 cm。

③待采棉花的最低棉铃离地高度应大于 18 cm,株高一般控制在 65～80 cm,否则会产生漏采。

④经喷洒落叶剂的棉花,采摘棉花落叶率应在 94% 以上,而棉桃的吐絮率应在 95% 以上,否则棉花含杂率高。

⑤棉花的含水率一般在 15% 左右较为适宜,株高在 80 cm以下。

⑥待采的棉花在棉株上应无杂物(如塑料袋、地膜和塑料条等),否则影响棉花质量。

⑦待采的棉田中,应无落地棉,或落地棉较少。

⑧彻底清除田间残膜。

⑨待采棉田一般应无较高的杂草,杂草高度应在 1 cm 以下,否则影响采棉机的采收作业。

⑩待采棉花应生长状况良好,无倒伏现象。如果倒伏,将严重影响采净率。

⑪机采前,应对田边地角机械难以采收但必须通过的地段进行人工采收。在宜于转弯及运输的地头进行人工采收,预留出机械运行行道。

⑫待采棉田的地面应平坦无沟渠,便于采棉机通过。

2.2　采棉机的主要性能指标

在符合工作条件的前提下,采棉机要能达到以下要求:

①作业效率:15～30 亩/h。

②吐棉采净率:≥93%。

③籽棉含杂率:≤11%。

④撞落棉率:≤2.5%。

⑤机器可靠性:≥92%。

⑥油耗:3.0 kg/亩(具体油耗与地块和驾驶员的操作习惯有关)。

2.3　机采棉的棉花品种选择

经过多年的试验,综合国外试验研究成果,总结出各种类型的采棉机对棉花品种的要求。具体内容如下:

①棉株的高度和最低吐絮棉桃距地面高度要适中。采棉机的采棉头离地面的高度 18 cm,这就要求棉花的果枝始节高度要大于 18 cm。棉株高度要求在 75～85 cm,棉花品种的最低节铃地面垂直高度为 18 cm。

②北疆无霜期短,采摘期集中,必须选择早熟好、吐絮集中的优良品种,这就要求品种是早熟、株型紧凑、吐絮集中、抗倒伏、抗风性能好,既可减少自然落地棉损失,又可减少机械采棉时的碰撞损失。

③推荐适合乌苏市 2020 年种植的优质棉花主推品种 1 个:新陆早 70 号搭;配品种两个:新陆早 78 号、惠远 720。

2.4 机采棉化学脱叶技术

机采棉化学脱叶技术即在机械采棉前两周(棉花已吐絮60%以上)通过专业机械及工艺,将某些特殊化学药剂喷洒在棉花植株上,实现棉植株上90%以上的棉叶自然脱落。

机采棉化学脱叶技术的作用是利用化学药剂,人为地使棉叶脱落。其使用的化学药剂,称为脱叶剂。脱叶剂经棉花吸收后,使棉花中原来的激素平衡遭到破坏,棉花叶柄与茎、枝之间会产生分离层,叶片会在自重和外界自然力的共同作用下脱落。化学脱叶技术作为机械化采棉不可或缺的技术措施,可有效提高机采棉的采摘率和作业效率,降低机采棉含杂率,减少果枝、绿叶的汁液对籽棉纤维的染色,从而有效提高机采棉的质量。

2.5 机采棉配套的农业技术要求

采棉机研发与运用的依据是棉花收获配套的农业技术。因为我国的棉花栽培面积非常广,棉花的类别很多,并且各个棉区的自然条件不同,种植方式和种植制度也不尽相同,与棉花收获的农业

技术也有不同之处。总体来说,其技术要求一般有以下3点:

①测量棉田吐絮率与脱叶率是否达到采收标准,是否彻底清除了棉田中的残膜,同时采棉机不能够跨播幅作业。

②化学脱叶剂的喷洒必须注意时间上的把握。一般是在采收前的 18~25 d 进行,同时喷洒时的温度应尽量控制在 18~20 ℃。

③为了防止棉花的自然脱落以及机采棉时的撞落棉,棉花要做到适时采收。一般棉花的脱叶率达到80%、吐絮率达到90%时,就可进行采收了。

2.6　棉花的物料特性

棉花的品种不同,其结构、形态和特性也不同。适合机采的棉花必须具备一定的物料特性。

1)棉株密度

棉株密度是由穴距、行距以及每穴内的株数来决定的。由于棉花播种都是由机械来完成的,每个穴内的株数控制在 1~2 株。因此,目前可由穴距和行距来控制棉株密度。根据新疆拥有的采棉机的作业要求,一般棉花的行距控制为 68 cm + 8 cm 或 66 cm + 10 cm。一般 66 cm + 10 cm 的种植模式较为常见,其平均行距为 38 cm。同时,棉花的株距控制为 8.5~10.5 cm。

2)棉株高度及直径

自地面至棉株最高处的距离,称为棉株高度。一般棉株高度控制在 65 ~ 90 cm。但是,新疆棉区稍有不同,北疆地区棉株高度控制在 60 ~ 75 cm,南疆地区棉株高度控制在 70 ~ 100 m。子叶节向上 5 cm 距离处棉秆的直径,称为棉秆直径。棉秆直径一般为 8 ~ 13 mm。

3)棉铃直径

棉铃直径是指与棉铃纵轴系直断面的最大直径。不同的棉花品种,其棉铃直径各不相同。常见的适宜机采棉铃直径有:棉铃未开,25 ~ 35 mm;棉铃半开,35 ~ 45 mm;棉铃全开,60 ~ 80 mm。

4)棉铃开放程度

按开放程度的不同,将棉铃分为初开、半开和全开。棉铃开放程度直接影响棉花的采摘率。

5)棉花的湿度

棉花的湿度与纤维弹性有着非常紧密的关系。纤维弹性会随着棉纤维的含水量不断增多而逐渐消失。这样,棉纤维就会相互缠绕在一起而形成团状的棉结和棉锁,纤维性瑕疵就会出现。因此,棉花的湿度越高,其中的杂质被分离出去就越难,杂质清理的效果就越差;棉花的湿度越低,棉纤维的弹性越好,其相互之间状态舒散,棉花纤维之间的制约就会越少,棉纤维与杂质之间的作用就会越小,其中的杂质就很容易被清理出去,杂质清理的效果也就越好。

2.7　棉花栽培模式

机采棉栽培模式是制约机采棉技术较复杂又非常重要的因素之一。

棉花栽培技术在保证棉花生产的同时,也要适应棉花收获机械化的作业要求。为适应新疆地区传统的"矮、密、早"30 cm+60 cm 植棉模式,经各采棉机生产企业研究开发后,已生产出相适应的新型采棉机。但是,其中任意采棉机在 30 cm+60 cm 植棉模式下作业时,均存在撞落率增加和生产率下降等现象。

通过新疆生产建设兵团多年来的试验示范,并总结 2001 年以来大面积推广机采棉的经验,普遍认为适应机械采收的 6 cm+10 cm 行距配置具有通风透光、植株密度高等特点,与常规模式 30 cm+60 cm 相比,不但不减产,反而还有增产的效果。

2.8　高产棉种植的技术要求

1)播前准备

棉田秋冬耕,耕深 25 ~ 30 cm。施足基肥,优质厩肥 1 t/亩以上或油渣 0.1 t/亩。标肥 150 kg/亩［氮∶五氧化二磷∶氧化钾 = 1∶（0.4 ~ 0.5）∶（0.1 ~ 0.2）］。基肥按氮肥占总量的 40% ~ 50%、磷肥 80% ~ 90%、钾肥 90% 使用。造墒，播种前 10 d 灌水 40 ~ 60 m³/亩，冬季或春季储水压盐用水量 150 ~ 200 m³/亩。

2）适期播种与合理密植

地膜覆盖栽培，4 月上旬开始播种。

南疆收获株数大于 1.4 万株/亩，机采棉种植模式：1.8 m 膜宽，配置为（10 + 66 + 10 + 66 + 10）cm + 66 cm，株距 9.5 cm，18 500 穴/亩；1 膜 4 行模式：用 55 cm + 25 cm 宽窄行，株距 9 cm，19 000 穴/亩。

北疆收获株数为 1.5 ~ 1.7 万株/亩，机采棉种植模式：（10 + 66 + 10 + 60）cm，株距 9.5 ~ 10 cm；1 膜 4 行模式：（20 + 40 + 20 + 60）cm，株距 10 cm，19 000 穴/亩。

3）科学管理

（1）前期管理

①管理目标

早定苗，加强中耕和化控，促进棉花稳健生长，棉苗壮而不旺。实现 5 月中下旬现蕾，南疆 6 月中旬、北疆 6 月底开花。灌头水前，株高控制在 30 ~ 35 cm，田间小行不封行。如棉田实际长势弱于预定标准，应以促为主，加喷叶面肥（尿素和喷施宝等）；如棉田实际长势过旺，株高超过预定标准，应加强调控，增加化控剂量和调控次数，推迟灌头水时间。实际操作时，一定要因地制宜，灵活掌握，切忌一刀切。

②护膜防风

播种后要及时查膜，用细土将穴孔封严，将膜面清扫干净，每隔 5 m 用土压一条护膜带，防止大风将地膜掀起。

③放苗

采用膜下条播的地块,出苗后待子叶由黄转绿时,按既定株距及时破膜放苗,棉株茎部孔口用土封严,晴天放苗应避开中午。如寒流大风将至,要推迟放苗。膜上穴播遇雨土壤板结,要及时破壳,助苗出土。

④定苗

棉花显行后,应立即间定苗,选留大苗、壮苗,去病苗、弱苗,留单株,缺苗处可留双株。定苗于两片真叶时结束。风口地区可先间苗后定苗,4片真叶时定苗结束。

⑤中耕

播种后至现蕾期用机械中耕松土,中耕3次以上,深度15 cm左右。灌头水前揭去地膜,机械或人工开沟,深度15 cm,不得过早揭膜,以免受旱。

⑥化控

实行全程化控,采用缩节胺拌种的地块,4片真叶前一般不需化控;未拌种地块,长势偏旺的,于2~4片真叶时化控一次,缩节胺用量为0.2~0.5 g/亩。6~7片真叶时,生长正常的田块用缩节胺0.5 g/亩左右,旺苗用缩节胺1 g/亩左右化控一次,弱苗不需化控。以后至灌头水前,根据苗的长势以及天气、降雨等情况,长势仍偏旺的需再进行一次轻控,每次用缩节胺1 g/亩左右。

(2)中期管理

①管理目标

促进早开花、早结铃,主攻中下部内围结铃,确保伏前桃压底,伏桃满腰,争坐秋桃,塑造丰产株型。

②长势长相

棉花打顶后,株高控制在70 cm左右。7月上旬棉田封小行,7月中下旬棉田封大行,大行要做到带桃封行(3~4个桃),大行封行不可封得过死,中间应有通风透光缝隙。7月下旬单株结铃应为

3.5～4 个。宽行不封行,间隙过大,属长势偏弱早衰棉田。

③除草、追肥、开沟

灌头水前,首先将空行杂草除净,并松土中耕;然后按细流沟灌或沟灌要求进行追肥开沟。追肥尿素 10～15 kg/亩,深度 8～10 cm。开沟追肥机械在宽行内追肥、开沟、松土一次完成。

④化控及叶面追肥

灌头水前 3～5 d,缩节胺用量为 2～4 g/亩。旺长田和植株过高的地块适当增加用量,每亩次兑水 32 kg 喷雾。在化控的同时加喷叶面肥,肥料品种以磷酸二氢钾 150～200 g/亩以及锌、硼微肥 50 g/亩为主。长势弱的田块可加喷尿素 300 g/亩和喷施宝一支。长势偏旺的田块,严禁喷施含激素类叶面肥,以免造成叶片肥大,影响通风透光。

⑤灌水次数及水控技术

生长期灌水 3～5 次,灌水要坚持"头水晚、二水赶、三水满"的原则。一般在棉花初花期开始浇头水,最好见桃浇头水。一般在 6 月下旬至 7 月初为最佳进水期。旺长田块推迟至单株结铃 1～2 个时浇头水,加强水控,防止旺长。头水水量要小,灌水量 50～60 m³/亩。二水和三水的间隔时间为 10～15 d,以地面不出现裂纹为度,灌水量为 70～80 m³/亩。

⑥打顶

按照"枝到不等时、时到不等枝"的原则。在果枝台数达到 8～10 台时,应立即开始打顶。北疆最佳打顶时间为 7 月 1—10 日,7 月 15—20 日结束;南疆最佳打顶时间为 7 月 5—15 日,7 月 20—25 日结束。打顶时,带一片展开叶。

⑦化控

打顶后 5～7 d,用缩节胺重控一次,缩节胺用量为 6～10 g/亩。同时,进行叶面追肥。

（3）后期管理

①管理目标

抓上部结铃,保铃增重,促进早熟。

②打无效花蕾

8 月初以大蕾为界,8 月 10 日以后以花为界,人工摘除无效花蕾,促进田间通风透光,减少无效养分消耗,确保中下部棉铃生长的营养需要,增加铃重,促进成熟。

③推株并垄

长势偏旺的田块,后期要进行推株并垄,促进中下部通风透光,减少烂铃。

④叶面追肥

为防止后期早衰,8 月上中旬应进行 1 ~ 2 次叶面追肥。肥料品种以磷酸二氢钾、尿素等为主。

⑤停水

8 月 20 日停水,早衰、生长偏弱的田块可推迟到 8 月 25 日前后停水。

2.9　综合防治棉花病虫害

坚持"预防为主、综合防治"的原则,以防治苗期蚜虫、棉叶螨和"伏蚜"、烟粉虱、盲蝽象为重点,同时注意防治二代棉铃虫和其他害虫。注重采取农业生物防治措施,选择抗病、优质、高产、抗虫性强的抗虫棉品种。注意保护和利用天敌,搞好虫情调查,达不到防治指标的不药防,尽量推迟药防时间,发挥天敌的控害作用;达到防治指标的要及时药防,做到对症下药,以及能兼治的不单治、能挑治的不普治等综合防治技术。注意选用抗枯黄萎病性能好的品种,并注意采用农业措施以及喷施黄腐酸等进行防治。

第3章 采棉机结构及工作原理

3.1 采棉机的分类及工作原理

使用采棉机的主要目的是提高功效,降低劳动强度,减少生产成本。自走式采棉机广泛用于大面积棉花产区的棉花采摘。它具有采摘率高,落地棉少,籽棉含杂率低,以及比人工收获功效高约100 倍等特点,但结构复杂,价格较高。采棉机按照结构类型,可分为气吸式采棉机和摘锭式采棉机。摘锭式采棉机可分为垂直摘锭式采棉机和水平摘锭式采棉机。水平摘锭式采棉机又可分为滚筒式、链式和平面式。

水平摘锭式采棉机性能先进、技术成熟,是目前推广应用的主要机型。目前,在新疆使用的采棉机机型有:美国约翰·迪尔公司生产的 9976(9986)型 6 行采棉机、7660 型棉箱式采棉机、CP 690

型自走式打包采棉机;美国凯斯公司生产的 2555(CPX 420)型 5 行采棉机、CPX 610(620)型 6 行采棉机;新疆石河子贵航公司生产的 4M2-5 型 5 行采棉机;新疆钵施然公司生产的 4MZ-3A 型自走式采棉机、4MZ-5A 型自走式采棉机、4MZ-6A 型自走式采棉机。

3.1.1　气吸式采棉机

气吸式采棉机主要由采棉机、引风机、柴油机、减速机、棉花收集箱、连接附件及安全件组成,如图 3.1 所示。

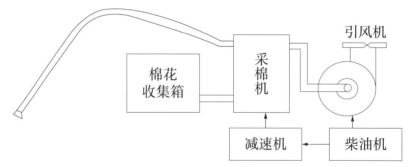

图 3.1　气吸式采棉机结构示意图

采棉机的工作原理与吸尘器类似。由柴油机作动力,带动风机运转,这时在风机的进风口产生一定的负压,形成有一定流速的空气流,棉枝上的棉花在空气流的吸引作用下进入采棉机,这相当于人工将棉花从棉枝上采摘下来。棉花在采棉机中与空气流分离,通过出棉口直接进入棉花收集箱,而不含棉花的洁净空气通过风机的排风口直接排入大气中。风机运转所形成的空气流只起到输送介质的作用。在采棉前,棉花与空气流共同流动,而在采棉后,由于棉花已被分离出来,因此只有洁净的空气经过风机。减速机主要为采棉机提供动力,将柴油机的高速转变为低速。通过机械传动与采棉机相联,使棉花从采棉机中连续输出。

3.1.2　水平摘锭式采棉机

水平摘锭式采棉机的研制与开发以美国为代表。美国的采棉机是当今世界上最先进的采棉机,其产品结构相对要复杂些。其主要组成部分有采棉头、传输装置、集棉箱、液压传动装置、润滑装置、清洗装置及驾驶室等,如图 3.2 所示。

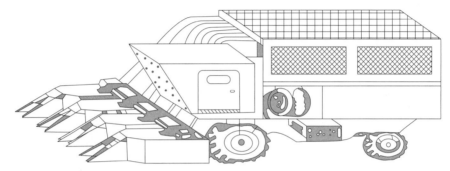

图 3.2　水平摘锭式采棉机

采棉机采棉时,由分禾器作为引导器,将棉株扶起并导入采摘室,棉株宽度被挤压至 60 cm。在采棉箱内,旋转的摘锭同开裂的棉铃相遇,垂直插入被挤压的棉株,这时摘锭钩齿钩住籽棉,把吐絮棉瓣从开裂的棉铃中拉出来,并缠绕在自身的表面上。高速旋转的脱棉盘与采棉摘锭呈相反的方向运转,当遇到摘锭上的籽棉时,把籽棉反方向旋转脱下。脱下的籽棉借助风力输棉系统的强大气流,从集棉室吹送进入风筒,再高速吹送进入装棉箱内。棉株经栅板退出采摘室,摘锭再旋转至淋润板,经过水压系统喷水淋洗后,达到降温和清洗的目的,摘锭再重新采棉。这就是采棉机的工作原理。

1)采棉系统

当采棉机沿棉行前进时,棉株由扶导器导入采棉工作室。受两侧向后相对旋转滚筒的滚压,旋转着的摘锭利用表面的钩齿钩住籽棉,并将籽棉缠绕在自身的表面。摘锭随着采棉滚筒的旋转离开采棉工作室进入脱棉区时,反向旋转,与同向高速旋转的脱棉盘相遇,脱棉盘上的毛刷将籽棉刷下来,籽棉落入集棉室。输棉管的气流将籽棉吸走,送入棉箱,如图 3.3 所示。

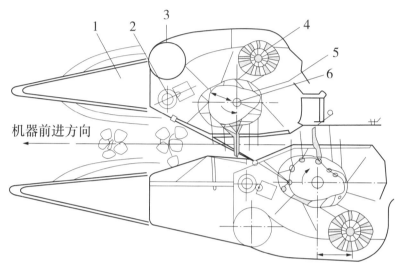

图 3.3　采棉机采棉系统

1—分禾器;2—摘锭;3—栅板;4—风筒;5—棉箱;6—吸入门

2)采棉头

采棉头是采棉机的核心部件。它主要是由分禾器、导向板、采棉滚筒、脱棉盘、传动系统及采棉头自动升降装置等组成,如图 3.4 所示。

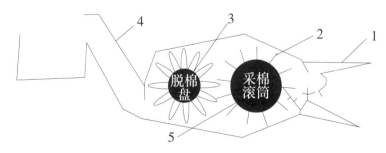

图 3.4　采棉头结构

1—分禾器;2—供水管;3—脱棉盘;4—气流输棉管;5—采棉滚筒

每个采棉头有两个采棉滚筒,如图3.5所示。采棉头的两个采棉滚筒有前后排列和前后左右异侧两种方式。

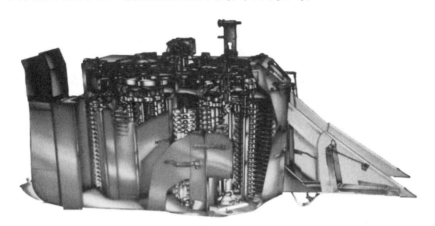

图 3.5　采棉头

采棉头的前后采棉滚筒摘锭座管数量不同。一般前采棉滚筒有 16 根摘锭座管,后采棉滚筒有 12 根摘锭座管。同时,每根摘锭座管上摘锭数量也不尽相同,一般情况下,矮株的有 14 个摘锭,高株的有 18 个摘锭。摘锭首先利用自身的钩齿将棉花钩住,然后高速旋转将籽棉缠绕在自身的表面,随着采棉滚筒的旋转将籽棉从棉株中拽出。退出采棉室后,采棉滚筒与高速旋转的脱棉盘相遇,脱棉盘将棉花从摘锭上反方向脱下,脱下的棉花经输棉管道送入集棉箱。脱棉后摘锭会与淋润刷相接触进行淋润。淋润的目的是除去摘锭上的灰尘和细小碎片,也可防止摘锭的温度过高。最后摘锭开始重新进入采棉室进行下一周期的采棉,如图3.6所示。

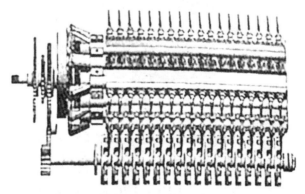

图 3.6　摘锭

摘锭安装在摘锭座管上,每个采棉滚筒有 12 个摘锭座管,每根摘锭座管安装有 18 个摘锭,故每个采棉滚筒就有 216 个摘锭,可保证充分与棉花接触。

(1)摘锭的工作过程

①摘锭的摘籽棉扶导器将棉株扶起,导入采摘室内,被挤压在 80 ~ 90 mm 的空间内,摘锭伸进棉株,高速旋转,将籽棉缠在摘锭上,经栅板孔隙退出采摘室。

②采棉滚筒把一组组摘锭带到脱棉盘下脱棉。

③脱下的籽棉被气流送入棉箱。

④摘锭再转到湿润器下面被擦净湿润后,又重新进入采摘室采棉。

(2)摘锭的运动规律

摘锭采棉过程可分为采棉区、脱棉区和淋润区。在 3 个区内,摘锭的运动轨迹都是由导向槽的廓形决定的。摘锭在采棉区采棉时,要求摘锭的速度相对平稳,并且要求摘锭垂直插入棉株进行采棉。此时,摘锭的方向与水平方向一致。因此,在垂直方向上摘锭的速度和加速度相对平稳。在运动过程中,摘锭面随采棉滚筒作圆周运动,同时又由导向槽廓形控制着摘锭的运动方向,如图 3.7 所示。在此段时间内,主要进行的是脱棉和淋润的工作。

图 3.7　导向槽廓形

在实际工作中,采棉机摘锭座管内传动主轴的转速为 1 400 ~ 1 500 r/min,采棉滚筒在圆周上垂直安装着 12 ~ 16 根摘锭座管。采棉时,摘锭一方面以 140 ~ 170 r/min 的转速随采棉滚筒旋

转,另一方面以 4 000 ~ 4 250 r/min 的速度自转。

摘锭是采棉机上的关键部件,如图 3.8 所示。通过实际测绘可知,摘锭头部为半径 $R = 2.7$ mm 的球面,圆锥面的长度为 75 mm,前端直径为 5.4 mm,后端直径为 12 mm,圆柱面的长度为 50 mm,直径为 12 mm。

图 3.8　摘锭结构

(3)摘锭座管传动系统

摘锭座管传动系统是由座管上锥齿轮与 18 根摘锭相啮合而组成的,如图 3.9 所示。动力由传动锥齿轮传给摘锭,带动摘锭去摘取棉花。

图 3.9　摘锭座管传动系统

采棉机的工作环境恶劣,摘锭在采棉过程中时刻与棉花纤维间相互摩擦。因此,常见的故障是磨损和断裂。在采棉机采摘过程中,摘锭因工作环境的变化而受到较大的阻力,致使摘锭产生较大的变形。

在正常情况下,水平摘锭采棉机的摘锭转速为 4 200 r/min 左右。但是,当遇到恶劣的工作环境时,摘锭转速可能降至 3 000 r/min。

3)液压系统

液压系统由液压油泵、液压油箱、输油管线、出油头及油压调节器等组成。通过液压油泵把液压油箱的液压油输送给采棉头和整个采棉机的行走机构。

4）操控系统

操控系统是采棉机驾驶员指挥各个系统工作的枢纽。它包括方向盘、点火开关、手油门、变速控制杆、驻车踏板、采棉头控制杆、风机接合开关、摘锭润滑开关、水压调节开关、棉箱升降开关、棉箱倾倒开关、压实器开关、输送器开关、采棉头右框架升降开关、采棉头左框架升降开关及采棉头整体升降开关等。

5）风力输棉系统

风力输棉系统包括风机、风道、风筒及电动推杆等。风机通过风道将风送给风筒，通过风力将采下的籽棉送入棉箱。风力输送系统工作时，首先使电动推杆张紧风机皮带，发动机转速可达 2 200 r/min，风机转速可达 3 800 r/min，但不能低于 3 600 r/min。

6）棉箱

棉箱包括内棉箱、外棉箱、压实器搅龙及输送器等。下地前，要升起内棉箱，挂好机械保险。当棉箱里的籽棉已装到棉箱的一半时，启动压实器来压实棉花。当棉箱里的籽棉已装满时，要及时翻转棉箱，并启动输送器来卸棉。

7）电子监控系统

电子监控系统向驾驶员报告采棉机各个系统的工作情况，具体包括吸入门、离合器、水温、油温、油压、风机及润滑等状况。一旦出现不正常情况，电子监控系统警告灯会亮起。

8）淋润系统

淋润系统包括水泵、雾化器和分配器等，如图 3.10 所示。水泵与风机相连，水泵把清洗液注入采棉头里，通过采棉头的雾化器把清洗液均匀地喷在摘锭座杆上。淋润的目的：一是给高速运转的摘锭降温，以免棉花着火；二是清洗摘锭，使摘锭保持清洁润滑，以利于脱棉盘脱棉。

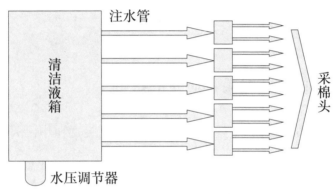

图 3.10　淋润系统

9）自动润滑系统

自动润滑系统包括润滑泵和分配器两个部分。自动润滑系统通过发动机带动润滑泵，把润滑脂均匀地打入采棉头，使采棉头得到充分润滑，以提高采棉头的使用寿命。

10）电器系统

电器系统包括电源系统、启动系统、照明系统，信号装置与空调，以及收音机等辅助装置。

3.1.3　采棉滚筒与栅板间的距离对采棉效果的影响

随着采棉机向前运动，采棉头前端的扶导器将棉株扶持导入由栅板和压力调节板组成的采棉室。一般采棉室的宽度为 80 ~ 90 mm。摘锭在采棉室内实施采棉的区域,称为采棉区。在采棉区内,棉花被挤压成很窄的棉带。当不改变现有采棉滚筒、摘锭等零部件尺寸的条件下,适当增加栅板与采棉滚筒之间的距离,对棉花采净率会产生怎样的影响呢?在一个采摘周期内,摘锭的采摘时间随着栅板与采棉滚筒之间的距离逐渐变小而变大。因此,适当地减小采棉滚筒和栅板之间的距离,使摘锭在采棉区的工作时间增大,可提高采棉机的采净率。

3.1.4 采棉滚筒转速对采棉质量的影响

采棉滚筒的旋转速度与采棉机行进速度之间的关系对采净率有很大的影响。

①当采棉机的行进速度大于采棉滚筒在水平方向上的分速度时,会造成摘锭在工作时与开裂棉铃接触的机会变少,也会出现摘锭向前推棉杆的现象,从而降低采棉率。

②当采棉机的行进速度小于采棉滚筒在水平方向上的分速度时,摘锭会相对于棉株向前,就可能会向前拨动棉株,从而对棉株本身造成损伤,增加含杂率和落地棉率,同时也会造成重采现象。

③当采棉机的行进速度等于采棉滚筒在水平方向上的分速度时,摘锭相对于采棉机处于静止状态,既不会向前也不向后推动棉株,这是采棉机采棉时最理想的状态,但在现实生产中是很难办到的。因此,摘锭相对于棉株有一定的移动是允许的。

另外,在采棉滚筒转速一定的情况下,单方面改变采棉机的速度,也会相应地改变采棉机的采摘情况。因此,适当地控制采棉机速度的快慢,可减少对棉株的损伤,提高采净率,降低落地棉率和含杂率。

3.1.5　摘锭采棉原理及影响摘锭采棉质量的主要因素

从摘锭采棉过程来看,摘锭采摘棉花是由采棉滚筒的旋转和摘锭自身旋转两个运动来完成的。但将棉花采下来的先决条件是摘锭与棉花之间的摩擦力必须大于采摘棉花时所受到的阻力。如果采摘棉花的钩取力大于采摘阻力,则可将棉花顺利采下;如果钩取力小于采摘阻力,则会造成摘锭在棉铃中打滑,从而导致采棉失败。

考虑摩擦力与所受到的正压力和摩擦物体的特性有关系,影响摘锭摩擦力的主要因素有摘锭钩齿形状、尺寸及分布情况。

为了能把棉花顺利地采摘下来,摩擦力既要保证大于采摘阻力,又要保证不拉断棉条,这样才能完全保证把开放的棉铃完全采净。也就是说,摩擦力应既大于采摘阻力又小于棉花纤维所能承受的最大拉应力。

3.1.6　摘锭转速对采棉质量的影响

采棉时,摘锭转速对采净率、落地棉率等采摘指标都有影响。一方面,摘锭转速过低时,没法保证摘锭在有限的采摘时间内有更多的时间与棉花接触,从而造成许多棉铃来不及采摘;另一方面,当摘锭转速过高时,会产生很大的离心力,从而减少棉条对摘锭的正压力,即减少摘锭的摩擦力,最终影响棉花的顺利采收。由实际经验可知,当转速为 700 ~ 2 300 r/min 时,采摘质量会越来越好;当转速为 2 300 ~ 3 900 r/min 时,对采摘质量没有明显影响;当转速增加到 4 700 r/min 时,采摘能力有所下降,从而可以看出摘锭转速与采棉质量之间的关系。因此,目前水平摘锭采棉机的摘锭转速一般为 4 200 r/min。

3.1.7 采棉机的动力分配

采棉机发动机输出的动力主要用于采棉机的行走、风机吹送棉花、采棉头采摘棉花以及储备动力。采棉机的动力传递路线如图 3.11 所示。

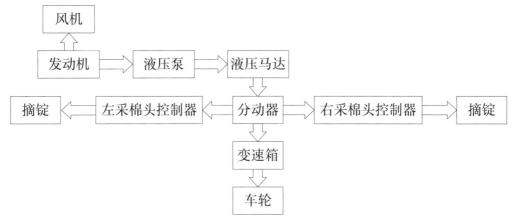

图 3.11 采棉机的动力传递路线

发动机传出的动力:一部分传给风机,把采下的籽棉吹入集棉箱;另一部分经过液压泵传到液压马达,再由液压马达传到分动器。传到分动器的动力分为两个部分:一部分经由分动器传到左右采棉头控制器,然后传递给摘锭;另一部分传到变速箱,然后传到车轮,用于采棉机的行走。

3.2 采棉机图形符号及名称

采棉机控制钮上或机器说明标牌上的图形符号及各个符号的

名称,如图 3.12—图 3.14 所示。

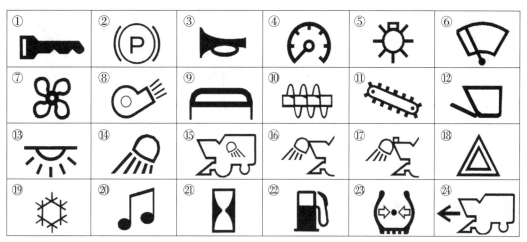

1—点火钥匙	7—循环风扇	13—驾驶室车内照明灯	19—空调
2—驻车制动	8—吸棉风机	14—工作灯	20—收音机
3—喇叭	9—棉箱	15—棉箱灯	21—时间间隔(h)
4—仪表	10—压实机搅龙	16—驾驶室大灯	22—燃油
5—角柱监视器	11—棉箱输送机	17—灯栅上的灯	23—轮胎压力
6—风挡雨刷器	12—棉箱门	18—危险警告灯	24—前进运动

图 3.12　采棉机图形符号及名称(一)

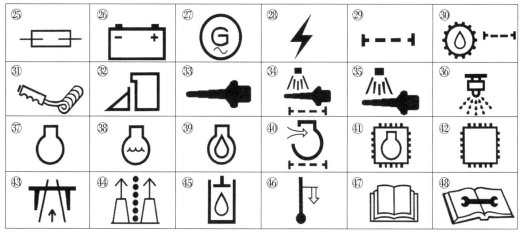

25—保险丝	31—线条控制器	37—发动机	43—公路行驶
26—蓄电池	32—采棉头	38—发动机冷却液	44—导向系统
27—交流发电机	33—摘锭	39—机油	45—液压油
28—电功率	34—摘锭清洗剂过滤器	40—发动机空气过滤器	46—温度降低
29—过滤器	35—摘锭清洗剂	41—发动机控制单元	47—查阅操作手册
30—传动油过滤器	36—喷嘴	42—控制单元	48—查阅技术手册

图 3.13　采棉机图形符号及名称(二)

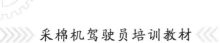

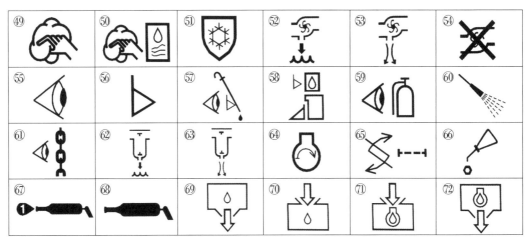

49—清洁	55—检查	61—检查输送链条	67—滴润滑脂
50—清洁机油冷却器	56—液位指示器	62—排放过滤器中的水	68—润滑脂
51—防冻	57—检查量油尺上的机油油位	63—排空过滤器中的空气	69—放油
52—排空水泵	58—检查采棉头齿轮箱油位	64—启动发动机	70—加油
53—排空泵中的空气	59—检查灭火器	65—更换过滤器	71—加机油
54—严禁泵干转	60—辅助水系统	66—油螺纹	72—排放机油

图 3.14　采棉机图形符号及名称（三）

3.3　安全装置

采棉机的安全装置如图 3.15 所示。

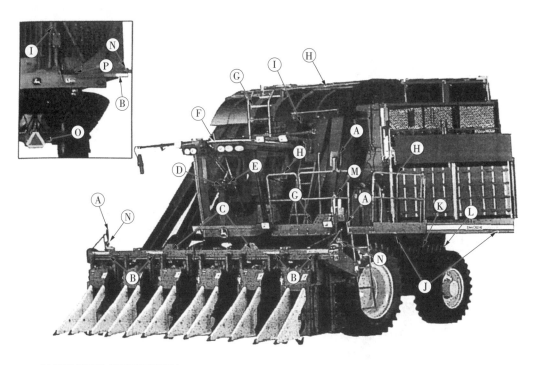

A—后视镜(用于查看周围情况)

B—前反射镜和后反射镜(提醒机器后方道路上的车辆注意)

C—采棉头提升油缸安全挡块(防止采棉头下移)

D—驻车制动器(防止机器无意识地移动)

E—喇叭(用于提醒机器附近人员)

F—带安全带和驾驶员在位系统的驾驶室采棉头接合系统自动检测驾驶员是否在位。如果驾驶员离开
　座椅超过5 s,该系统将使机器停止工作

G—铺了防滑层的台阶和平台(防止在扶梯和平台上滑倒,减少尘土与脏物的堆积)

H—扶手栏杆(当爬上机器在平台上行走或在棉箱罩或盖上行走时,用作支承点)

I—棉箱提升油缸安全挡块(防止棉箱下移)

J—棉箱门油缸安全限位器(防止棉箱门意外打开)

K—启动机电磁阀罩(避免发动机非正常启动)

L—灭火器(干粉化学)

M—灭火器(水型)

N—前后危险灯(提醒公路上来往车辆注意)

O—慢行车辆标志牌(提醒机器后方道路上的车辆注意)

P—倒车警报器(提醒机器周围的人注意)

图 3.15　采棉机的安全装置

3.4 驾驶室

1）控制钮和指示灯

驾驶室内控制钮和指示灯如图 3.16 所示。

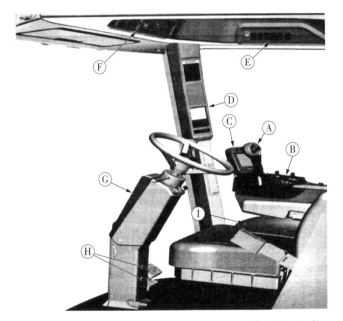

A—多功能控制手柄
B—扶手操纵台
C—扶手显示单元
D—角柱显示屏和指示灯
E—照明控制面板
F—供暖器、空调和收音机控制面板
G—转向柱
H—制动踏板
I—驾驶员座椅

图 3.16　控制钮和指示灯

2）多功能控制手柄和扶手控制台控制钮

多功能控制手柄和扶手控制台控制钮如图 3.17 所示。

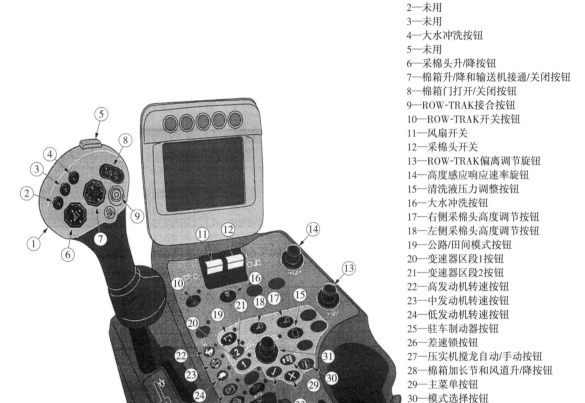

1—多功能控制手柄
2—未用
3—未用
4—大水冲洗按钮
5—未用
6—采棉头升/降按钮
7—棉箱升/降和输送机接通/关闭按钮
8—棉箱门打开/关闭按钮
9—ROW-TRAK接合按钮
10—ROW-TRAK开关按钮
11—风扇开关
12—采棉头开关
13—ROW-TRAK偏离调节旋钮
14—高度感应响应速率旋钮
15—清洗液压力调整按钮
16—大水冲洗按钮
17—右侧采棉头高度调节按钮
18—左侧采棉头高度调节按钮
19—公路/田间模式按钮
20—变速器区段1按钮
21—变速器区段2按钮
22—高发动机转速按钮
23—中发动机转速按钮
24—低发动机转速按钮
25—驻车制动器按钮
26—差速锁按钮
27—压实机搅龙自动/手动按钮
28—棉箱加长节和风道升/降按钮
29—主菜单按钮
30—模式选择按钮
31—选择旋钮
32—确认按钮
33—取消按钮
34—附件输出插座

注:ROW-TRAK 是约翰·迪尔公司的商标

图 3.17　多功能控制手柄和扶手控制台控制钮

3）采棉头升降按钮

采棉头升降按钮如图 3.18 所示。

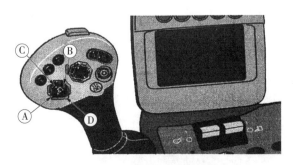

图 3.18　采棉头升降按钮

图3.18中,A,B按钮可使驾驶员只提升左侧或右侧一组采棉头,以躲开障碍物。同时,对面一组采棉头保持采棉头高度控制系统中的编程高度不变。C,D按钮可使驾驶员同时升降所有采棉头。

> **提示:**接合采棉头时和用该按钮下降采棉头时,将启动高度控制系统。

按下并按住位置(A)的按钮,仅升高左侧采棉头。
按下并按住位置(B)的按钮,仅升高右侧采棉头。
按下并按住位置(C)的按钮,升高所有采棉头。
按下并按住位置(D)的按钮,降低所有采棉头。

4)棉箱卸棉按钮

棉箱卸棉按钮如图3.19所示。

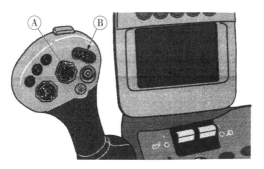

图3.19　棉箱卸棉按钮

> **提示:**按下并松开按钮,根据需要定位棉箱和门。可重新编程,棉箱控制单元禁用自动门作业。

按棉箱升/降和输送机接通/关闭按钮(A)的顶部,升高棉箱并打开棉箱门。按按钮的底部,可降低棉箱并关闭棉箱门。可重新编程,棉箱控制单元禁用自动门打开和关闭。

按棉箱门升/降按钮(B),根据需要降低棉箱门而不改变棉箱的位置。按按钮的底部,可升高棉箱门。

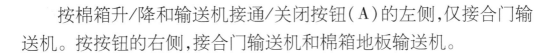

按棉箱升/降和输送机接通/关闭按钮(A)的左侧,仅接合门输送机。按按钮的右侧,接合门输送机和棉箱地板输送机。

5)风扇开关

发动机必须在低怠速运行时,才能使风扇接合。按下风扇开关,并将其向前扳至 ON 位置,接合输棉风扇。

6)采棉头开关

按下采棉头开关,并将其扳至 ON 位置,接合采棉头。

7)高度调节按钮

按左侧采棉头高度调节按钮,调节左侧提升梁上采棉头的工作高度设置点。

按右侧采棉头高度调节按钮,调节右侧提升梁上采棉头的工作高度设置点。

8)公路/田间模式按钮

提示:当收割时,严禁在变速器模式(按钮2)下操作机器。

公路/田间模式用于限制机器行驶速度的整个范围。通过选择变速器模式(按钮1)(低挡)或模式(按钮2)(高挡),进一步限制行驶速度。实际行驶速度根据发动机转速设置和多功能控制手柄位置而定。

(1)田间模式

按公路/田间模式按钮(A),直到绿色指示灯(B)灭。变速器模式(按钮1)中的最高行驶速度为 6.8 km/h;变速器模式(按钮2)中的最高行驶速度为 8.0 km/h。

(2)公路模式

按公路/田间模式按钮,直到指示灯亮。机器默认为低速。模式(按钮1)(低挡)中的最大行驶速度为14.5 km/h。可选择模式(按钮2)(高挡),使行驶速度最高达到27.4 km/h。

9)发动机转速按钮

发动机转速按钮用于选择所需的发动机转速。

①发动机高速按钮(A)。

②发动机中速按钮(B)。

③发动机低速(怠速)按钮(C)。

10)驻车制动器按钮

驻车制动器有两种操作模式:自动和人工(ON)。任何时间发动机熄火时,驻车制动器默认都是人工模式。

当发动机启动时,驻车制动器保持接合在人工模式。驻车制动器指示灯(B)一直亮着,驻车制动器符号显示在扶手显示单元上。

为了释放驻车制动器并移动机器,按下驻车制动器按钮(A),驻车制动器指示灯开始闪烁,此时驻车制动器接合在自动模式。

(1)自动模式

在自动模式,多功能控制手柄从空挡扳至前进挡或倒车挡时,驻车制动器释放并且驻车制动器指示灯熄灭;当手柄扳回到空挡且行驶速度低于3 km/h时,应用驻车制动器。

当发动机熄火时,驻车制动器接合在人工模式。为了在发动机运行时将驻车制动器接合在人工模式,应按驻车制动器按钮。

(2)人工模式

在人工模式,能使驾驶员在机器保持不动时向前扳动多功能控制手柄。当预热采棉头或操作采棉头时,使用人工模式可取出过多的棉花。在发动机运行时,如果驾驶员必须留在驾驶室里,也使用人工模式。

11）发动机冷却液温度表

发动机冷却液温度表可表示钥匙开关在接通位置时发动机冷却液的当前温度。当发动机冷却液温度升至 105 ℃时,警示灯亮,并有报警响起,警示灯保持亮着,直到冷却液温度降至 100 ℃。

如果发动机过热,通过减慢行驶速度,可减轻发动机的负荷。观察温度表,如果温度持续升高,则熄灭发动机,并查找原因。

12）报警指示灯

当检测到有问题时,关闭发动机,报警指示灯亮。停机后,查找故障原因。

13）危险警告灯

运输时,必须点亮报警灯,以提醒他人注意。在公路上驾驶机器时,禁止使用工作灯。

14）公路灯

在公路上驾驶机器时,公路灯必须打开,以提醒其他驾驶者注意。

15）驾驶室温度控制系统

机车控制系统包含温度控制钮(A)、模式选择开关(B)、风扇转速控制钮(C)及驾驶室温度传感器(D)。

顺时针旋转温度控制钮,为提高驾驶室内温度;逆时针旋转温度控制钮,为降低驾驶室内温度。

模式选择开关有以下 3 个位置:

①关闭(底部)。压缩机和风扇都是 OFF。

②开(中部)。必要时,压缩机和风扇根据温控钮和风扇转速

控制钮的设置运行。

③除雾（顶部）。压缩机运行可除去空气中的水分,而不管温度控制钮的设置如何。

提示:驾驶室温度传感器位于培训座椅后方。禁止遮盖该传感器,否则系统将不能在自动模式正常工作。

顺时针旋转风扇转速控制钮,可增加指向角柱中空气出口通气孔的循环空气量。

当完全逆时针旋转风扇转速控制钮到自动止动位置时,风扇转速按温度控制钮设置和实际驾驶室温度之差成比例变化。实际驾驶室温度由驾驶室温度传感器测量。在实际驾驶室温度接近控制钮设置点时,风扇转速自动降低。

16) 方向盘倾斜和高度调节

机器停机时,才能调整方向盘。

转向柱是弹簧预紧的,处于垂直位置。必须双手握住方向盘,然后踩下踏板。如图 3.20 所示,踩下踏板(A),可松开转向柱的锁定。将转向柱调到满意的位置(B)。松开踏板,可将转向柱锁定在位。

A—踏板
B—转向柱位置
C—中心锁母
D—方向盘位置

图 3.20　方向盘倾斜和高度调节

17）调整方向盘高度

松开中心锁母（C）。向前或向后扳方向盘，以达到所需位置（D），再锁紧中心位置。

18）钥匙开关

在启动发动机前，应鸣响喇叭，使旁人远离机器。为避免造成人员伤亡事故，只能坐在驾驶员座椅上启动发动机。严禁通过短接启动机接线柱来启动发动机。如果避开常规电路，则机器会在齿轮啮合情况下启动。

钥匙开关在转向柱的右侧，有以下 4 个位置（见图 3.21）：

①关闭位置（A）。用于使发动机熄火，并停止全部附件工作。

②附件位置（B）。用于操作收音机、风挡雨刷器等附件。

③附件/运转位置（C）。一旦发动机启动，用于使全部附件工作。

④启动位置（D）。用于启动发动机启动机的点动开关位置。发动机一旦启动起来和松开钥匙开关，它将返回附件/运转位置。

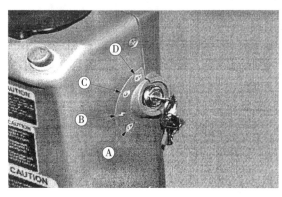

A—关闭位置
B—附件位置
C—附件/运转位置
D—启动位置

图 3.21　钥匙开关

3.5　操作机器

3.5.1　安全作业的准备

下地工作前,必须确保机器已完成下地准备。同时,检查以下各项:

①驾驶员熟悉机器的全部控制装置及其功能以及安全操作方法。

②已执行全部维护工作。

③清洗系统工作正常,且清洗液罐已加满清洗液。

④已将采棉头调整到正确的行距宽度。

⑤安全系统全部正常工作。

⑥灭火器在机器的正确位置处,并已充满灭火剂。驾驶员已完成正确使用灭火器的培训。

⑦所有预防火灾措施均已到位,驾驶员已获得应对火灾的培训。

3.5.2　启动发动机

为了避免损坏发动机,在寒冷天气下启动发动机时,必须采取以下预防措施:

①将多功能控制手柄置于空挡位置。

②将风扇开关和采棉头开关挂在 OFF 位置。

③关掉所有附件,包括收音机、灯具、加热器、空调风扇及风挡雨刷器。

④将钥匙开关转到(运行)位置并等待几秒钟,让控制器和显示器加电。

⑤按发动机低速按钮。

在启动发动机前,鸣响喇叭警示他人,使之远离机器。

为避免造成人员伤亡事故,只能坐在驾驶员座椅上启动发动机。切勿通过短接启动机接线柱的方法来启动发动机。

机器突然运动,会造成严重的人员伤亡事故。因此,在启动发动机前,必须确保驻车制动器在接合位置和机器周围无人。

> 提示:为避免损坏启动机,每次操作启动机的时间不得超过 30 s。如果发动机没有启动,必须等待 2 min 以上再重试。

⑥鸣响喇叭并将钥匙开关转至启动位置。

⑦发动机启动后松开钥匙,并让发动机以低怠速运转,以达到正常的工作温度。

3.5.3　寒冷天气启动发动机

启动液(乙醚)高度易燃,如果被意外点燃,将造成严重的人员伤亡事故。因此,禁止在明火、火花或火焰附近使用。应认真阅读并遵守启动液罐的使用说明。

> 提示:为避免损坏发动机,只能少量喷入启动液,而且只能用于发动机启动。严禁按下该按钮一次的时间超过 1 s。

> 提示:如果温度低于-5 ℃,可能需要使用乙醚启动助燃装置。将钥匙开关转到 START(启动)位置。发动机开始转动时,按下乙醚启动助燃装置按钮。约 1 s 后,释放按钮。

当发动机启动后,松开钥匙。如果发动机不启动,再按 1 s 启动助燃装置按钮,可继续启动。

一次启动操作不得超过 30 s。如果发动机没有启动,必须等待 2 min 以上再重试。

3.5.4　寒冷天气操作

> **提示:** 气温过低将损坏静液压泵。当气温低时,静液压传动油变得很稠。开动机器前,必须预热。如果未能预热,将导致机器损坏。

①在启动机器前,检查并确认以下事项:

a. 多功能控制手柄置于空挡位置。

b. 风扇开关在关闭位置。

c. 采棉头开关在关闭位置。

②将钥匙开关转到 RUN(运行)位置,并等待几秒钟,让控制单元和显示器加电。

③按发动机低速按钮。

④启动发动机,并在开动机器之前在怠速油门下运转发动机 4 min。

3.5.5　预热发动机

> **提示:** 为避免发动机因润滑不充分而损坏,以低怠速、空载运转发动机 2 min。在冰点以下温度时,让发动机怠速运转 4 min。

未将发动机预热至正常温度,严禁发动机满载运转。观察发动机冷却液温度表(A),可确定发动机预热结束时的时间。

3.5.6　空转发动机

> **提示**：不要使发动机怠速时间过长。长时间空转,将造成发动机冷却液温度低于正常工作范围。冷却液低温可能造成曲轴箱机油变稀。燃油燃烧不充分,造成气门、活塞和活塞环处形成胶状沉淀物,可导致发动机油泥快速增多和排出的废气中未燃烧燃油增多。

发动机长时间以低怠速运行,会使燃油燃烧不充分,并使发动机积炭。如果要求发动机必须在热机到正常工作温度后持续运行超过 5 min,则关闭发动机,并在随后重新启动。

3.5.7　将发动机熄火

①将多功能控制手柄置于空挡位置。

> **提示**：涡轮增压器和有些发动机零件由发动机机油进行冷却。热车停机,会因过热而损坏零件。在带工作负荷的发动机熄火前,必须使发动机以低怠速运转至少 2 min,以冷却涡轮增压器和发动机的高温零件。

②将风扇开关和采棉头开关扳至 OFF 位置。
③按下发动机低速按钮,并使发动机在怠速工作 2 min。
④降低采棉头。
⑤关闭所有附件开关。
⑥关闭点火开关,并拔下钥匙。

3.5.8 准备驾驶机器

如果不遵守安全驾驶操作程序,将造成严重的人员伤亡事故。因此,必须确保并遵守安全驾驶操作程序。

如果棉箱在升高位置时操作,机器会碰到高架电线,将造成严重的人员伤亡事故。因此,必须注意并避开高架电线。

驾驶机器前,应调整:

①座椅。

②转向柱。

③后视镜。

④照明灯,达到最大可见度。

开动机器时,必须确保坐在座椅上并系好安全带。机器上有被动式驾驶员在位系统。如果驾驶员离开座椅超过 5 s,驾驶员在位系统将使采棉头立即停机或停止机器行驶。路面不平和转弯时,应慢速驾驶。

在电线下方、桥梁下方驾驶机器或穿过门洞时,必须检查净空高度和净宽。

拆下或缩短收音机天线。平行前行并缓慢停止,防止机头前冲。除收割操作外,严禁在采棉头接合时驾驶机器。

3.5.9 驾驶机器

机器很重,如果机器突然向前或向后运动,将造成严重的人员伤亡事故。驾驶机器前,必须确保所有人和所有物体都安全地远离机器。

①将制动踏板锁片放在适当的位置(田间或运输)。

②按驻车制动器按钮。指示灯从稳态变成闪烁,说明当多功

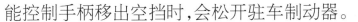

能控制手柄移出空挡时,会松开驻车制动器。

③高速公路行驶时,按公路/田间模式按钮。指示灯亮起,变速器在一挡接合。在田间作业时,指示灯熄灭。

> **提示**:为确保风力系统的风力最大,在采棉时必须将油门设置在最大位置。

④按所需的发动机转速按钮。

a. 按钮 A:高速——2 200 r/min。

b. 按钮 B:中速——1 750 r/min。

c. 按钮 C:低速——900 r/min。

> **提示**:当移动多功能控制手柄时,如果扶手显示单元上的静液压供油压力警告灯点亮,应检查液压油位或更换过滤器。

⑤前推多功能控制手柄,则机器前进;后扳,则机器倒车。

3.5.10　在公路上驾驶

在公路或高速公路上驾驶机器时,为提醒其他车辆驾驶员,无论白天还是夜间都应用灯和适当报警设备,否则将造成严重的人员伤亡事故。必须保持安全设备完好状态。更换丢失或损坏的安全设备。

在急转弯时,机器后部摇摆幅度大。在交通拥挤区,要小心使用。

为避免机动车驾驶员误解,公路上驾驶时禁止使用工作灯。

机器的结构可能不能完全符合国家或地方的公共道路作业要求。如果当地对公共道路作业有特殊规定,那么机器可能无法在这些地方使用。用户有义务了解并遵守各地区对公共道路作业的相关规定。完全升高采棉头,并将安全限位器下降到油缸活塞杆上。降下棉箱加长节和风道。将制动踏板锁在一起。日间和夜间在道路上行驶时,接通危险警告灯按钮。夜间行驶时,开启公路灯。当公路灯开关打开时,警告灯自动点亮。必须用转向灯警告他人和车辆注意。路面不平时,应降低行驶速度。尽可能远离路边行驶,确保最大安全距离。转向时,应减慢速度。在电线下方、桥梁下方驾驶机器或穿过门洞时,必须检查净高和净宽。缩短收音机天线。

在公路运输前,必须查阅有关高度和宽度限制的规定。必须分离采棉头,并关掉采棉头,激活驾驶员在位系统退出工作。

3.5.11　启动风机和采棉头

机器突然向前或向后运动,会造成严重的人员伤亡事故。开始操作前,必须确认采棉机上或四周无人。

提示:寒冷天气启动时,采棉头输入离合器会打滑。为了避免损坏离合器爪,应逐渐提高发动机转速,直到采棉头能在高怠速位置和满液控位置工作,而离合器不打滑。

①接合驻车制动器。
②将油门开关置于怠速位置(发动机不在低怠速位置时,风机无法接合)。
③按风机开关接合风机。
④将采棉头手柄推到最前位置,接合采棉头。
⑤变速杆挂在空挡上,缓慢向前推液控手柄,从而启动采棉头。

3.5.12　下降采棉头

利用液控手柄上的采棉头整体升/降开关,降下采棉头。这

样,会激活高度传感系统。按下开关左侧,则采棉头下降;按下开关右侧,则采棉头提升。

采棉头高度传感滑履可使采棉头保持合适的离地间隙。

利用左采棉头架采棉头升/降开关和右采棉头架采棉头升/降开关,可提升和降下采棉头(安装在左采棉头架上的采棉头和安装在右采棉头架上的采棉头)。但是,此时高度传感系统不激活。只有按下采棉头整体升/降开关,才能激活高度传感系统。

3.5.13　沿棉行开始采棉

> **提示**:避免损坏采棉头。避开石块、根茎和电线。提升采棉头避开灌溉沟渠或其他障碍物。

沿棉行开始采棉前,应检查并确认以下事项:
①发动机和采棉头已适当预热。
②发动机在大油门下工作。
③清洗系统压力适当。
④采棉头已在棉行上居中。

3.5.14　采棉

①调节行驶速度,控制绿棉铃和皮棉损失。首次摘棉时,用一挡。二挡只能用于二次摘棉。
②在棉行到头时,应减慢行驶速度。升高采棉头并在转弯时,根据需要用单个制动踏板辅助。
③为了充分利用棉箱容量,必须按照以下步骤操作压实器搅龙:
a. 当棉花接近前护栅顶部以及棉花在搅龙螺旋片上积聚时,不定时地用驾驶室地板上控制台基座附近的开关激活搅龙。

b. 当棉花完全覆盖了前棉箱护栅和压实器搅龙时，连续激活搅龙。

提示: 务必正确判断棉箱何时装满。同时，及早卸棉，以防风道堵塞。

3.5.15 收割

收割操作如下(见图 3.22)：

①将机器放置在采棉头正好对正棉行中间的田间。

②将多功能控制手柄(A)置于空挡位置。

③按驻车制动器按钮(B)，将驻车制动器接合在人工模式。检查并确认驻车制动器指示灯(C)是否亮起(不闪烁)。

④按发动机低速按钮(D)。

⑤升高棉箱加长节和风道。

提示: 发动机必须在低速运行时，才能启动风扇。

---

⑥按下风扇开关(E)，并将其扳至 ON(向前)位置，等几秒钟再启动风扇。

⑦按下采棉头开关(F)，并将其向前扳至 ON 位置。

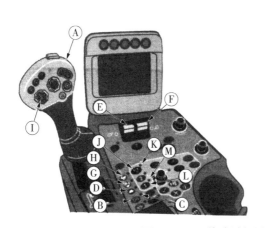

A—多功能控制手柄
B—驻车制动器按钮
C—驻车制动指示灯
D—低发动机转速按钮
E—风扇开关
F—采棉头开关
G—中发动机转速按钮
H—高发动机转速按钮
I—采棉头升/降按钮
J—公路/田间模式按钮
K—公路模式指示灯
L—变速器模式1按钮
M—变速箱模式1指示灯

图 3.22 收割控制钮

> **提示**：为避免冷态启动时损坏采棉头输入离合器爪，首先应在采棉头接合的情况下以慢速运转，充分预热发动机；然后逐渐增加发动机转速，直到采棉头可在发动机高速下工作且离合器不打滑为止。

⑧驻车制动器接合在人工模式时，缓慢向前推，多功能控制手柄启动采棉头。

⑨几分钟后，按发动机中速按钮（G）。

⑩再几分钟后，按发动机高速按钮（H）。

⑪必要时，检查清洗液系统压力并调节。

⑫按采棉头升降按钮（I）的底部，降低所有采棉头。降低采棉头，可接合收割台高度控制系统。

⑬按下公路/田间模式按钮（J），接合田间模式，检查并确认指示灯（K）是否熄灭。

⑭按下变速器模式 1 按钮（L），检查并确认指示灯（M）是否亮起。

⑮按驻车制动器按钮，检查并确认指示灯是否闪烁。

⑯向前推多功能控制手柄，并开始收割。调节行驶速度，控制绿色铃和皮棉损失。

> **提示**：石块棉株根、金属线以及田间的其他障碍物会导致采棉头损坏。必要时，提升采棉头，以躲让灌溉沟渠或其他障碍物。

⑰必要时，按下采棉头升/降按钮上的向左箭头或向右箭头，升高横梁水平上安装的采棉头，避开障碍物。在避开障碍物后，按下按钮上的向下箭头并松开，将采棉头返回到前一高度。

⑱在棉行到头时，减小行驶速度。升高采棉头，并使用各个制动踏板协助转动。

⑲当设置为自动模式时，如果棉箱中的籽棉达到感应级别，压

实机搅龙就会开始运行。搅龙也可手动操作。在预置时间后,"棉箱满"报警信息出现在扶手显示单元上。为防止堵塞风道,严禁籽棉溢出棉箱。

3.5.16 停机

①要慢慢减速并将机器停车,慢慢将多功能控制手柄拉回空挡。

②根据需要接合制动器,帮助平稳停车和使机器停止不动。

③按下发动机低速按钮,将发动机转速降低到低怠速。

3.5.17 使机器驻车

①将机器停在一个水平平面上,并按驻车制动器按钮。

②按发动机低速按钮。

③按多功能控制手柄上采棉头升降按钮的底部,将所有采棉头降到地面上。

④将风扇开关和采棉头开关置于 OFF 位置。

⑤关闭所有照明灯和附件。

提示:如果未正确冷却发动机,可能导致发动机损坏。在带工作负荷的发动机熄火前,必须使发动机空转至少 2 min,以冷却涡轮增压器和发动机的高温零件。

---

⑥关闭钥匙开关,并拔下钥匙。

3.5.18 操作压实机搅龙

①按自动压实机搅龙按钮,选择自动模式或人工模式。当选

择自动模式时,其按钮旁的指示灯亮起。

②在自动模式,当籽棉达到棉箱中的感应级别时,压实机搅龙自动工作预置的时间。作业的持续时间可使用扶手显示单元上的配置菜单修改,也可通过按地板开关接合搅龙。在人工模式(指示灯熄灭),只有当按下地板开关时,搅龙才工作。

③在人工模式时,当籽棉接近前滤网顶部以及籽棉积聚到搅龙栅栏上时,不定期地启动搅龙。当籽棉完全覆盖前棉箱罩和搅龙时,连续操作搅龙。

> **提示**:要有较好的判断力来判断何时棉箱将装满。及早卸棉,防止风道堵塞。

3.5.19　卸载棉箱

为了避免严重伤害,严禁在下列任意情况下卸载棉箱:机器可能接触电线;机器在斜坡上;人员可能进来接触棉箱输送机;人员在机器周围。

①按下发动机低速按钮,将发动机转速降低到低怠速。
②分离采棉头和风扇。
③开动机器到所需位置。
④使多功能控制手柄置于空挡位置。
⑤按驻车制动器开关,将驻车制动器接合在人工模式。
⑥按发动机高速按钮。

> **提示**:为防止在棉箱升高时棉箱门自动打开,修改棉箱控制单元中的设置,禁用自动门作业。

⑦按棉箱升/降和输送机接通/关闭按钮(A)的顶部,升高棉箱到所需的位置,并打开棉箱门。

⑧必要时,使用棉箱门打开/关闭按钮(B),改变门的高度,但

不改变棉箱的高度。

⑨按棉箱升/降和输送机接通/关闭按钮的左侧,操作门输送机。按按钮的右侧,操作门和棉箱地板输送机。

⑩在卸棉后,按下棉箱门打开/关闭按钮(B)的底部,并关门。按下棉箱升/降和输送机接通/关闭按钮(A)的底部,降下棉箱。

⑪按发动机低速按钮。

⑫将采棉头开关(C)扳至 ON (接通)位置。

⑬向前移动多功能控制手柄,启动采棉头。

⑭按下并松开大水冲洗按钮(D),清洁摘锭。

⑮让采棉头运行约 10 s,再将采棉头开关扳至 OFF 位置。

⑯将采棉头降到地面上,或接合采棉头提升油缸活塞杆上的安全限位器。

⑰关掉发动机,并拔下钥匙。

⑱检查采棉头、发动机舱和风扇区有无棉花积聚。必要时,应清洁。

3.5.20　禁用棉箱门自动作业

当卸载棉箱时,棉箱和控制单元设置在默认模式则会出现下列情况:

①当按下棉箱升高开关时,棉箱门打开,同时棉箱上升。

②当按下棉箱降低开关时,棉箱门关闭,同时棉箱下降。

如果驾驶员不想在正确定位机器和棉箱之前打开棉箱门,可重新编程棉箱控制单元,超控门自动打开和关闭功能。在该模式,棉箱门只在按下棉箱门打开/关闭开关时工作。

重新编程控制单元如下:

①按操纵台上的菜单按钮(A)。主菜单屏幕出现在显示单元上。

②使用选择旋钮(B),高亮显示信息图标(D),并按确认按钮(C)。信息中心屏幕出现。

③选中信息中心屏幕上的诊断地址图标(E),并按确认按钮。设备选择屏幕出现。

④选中设备下拉列表框(A),并按确认按钮。设备下拉列表出现。

⑤选中设备标识符(B),并按确认按钮。设备诊断地址菜单出现。

⑥高亮显示向下箭头(C),并按确认按钮,直到诊断地址 100 出现在屏幕上。

⑦选中诊断地址 100 (D),并按确认按钮。诊断地址输入屏幕出现。

3.5.21　采棉头堵塞的解决方法

在障碍物进入并堵塞采棉头时,鼓式离合器打滑,导致警报声响起,扶手显示单元上出现全屏警报。

出现障碍物时:

①立即将多功能控制手柄扳至空挡,并关掉采棉头。

②将风扇开关和采棉头开关扳至 OFF 位置。

③按下采棉头升降按钮上的向上箭头,并部分升起采棉头。

④将机器回退约 2 m。

⑤按下发动机低速按钮,将发动机转速降低到低怠速。

⑥按驻车制动器按钮。

⑦将采棉头降到地面或放到采棉头安全挡块上。关掉发动机,并拔下钥匙。

⑧检查采棉头,并清除异物。

3.5.22　吸风门或风道堵塞

吸风门堵塞时,相应的采棉头灯亮,STOP(停机)指示灯也亮。这些灯会一直亮着,并且报警器响起。如果一个或多个采棉头灯亮,则将液控手柄挂空挡,并将发动机转速降低到怠速。

为防止事故发生,检查并确认采棉机已关闭,驻车制动器已接合,并且钥匙已拔出。

按照以下步骤清除吸风门或风道的堵塞:

①分离采棉头和风机。

②变速杆和液控手柄都挂入空挡。

③接合驻车制动器。

④关闭采棉机,并拔出钥匙。

⑤清除吸风门或风道的堵塞物。

⑥清除脱棉盘监视器触点和连接到角柱的部位。

3.5.23　清除采棉头堵塞

如果采棉头落下或人员卷入采棉头中运动的零件中,将造成严重的人员伤亡事故。除非采棉头分离,发动机熄火,多功能控制手柄置于空挡位置,驻车制动开关接合和钥匙被拔下,否则禁止清除堵塞物。将采棉头降到地面或放下采棉头,提升油缸安全挡块。

①将机器停下来,并将采棉头降到地面或放下采棉头,提升油缸安全挡块。关掉发动机,并拔下钥匙。

②检查采棉头,并尽可能清除异物。

提示:轴受弹簧张力作用。凸缘螺栓拆下时,A轴将快速自转,并释放弹簧弹力。必须避免飞出的零件造成严重的人员伤亡事故。用扳手牢固把持住轴的顶部,控制轴不将弹簧弹力释放。

　　③拆下凸缘螺栓,彻底释放压紧板的受力。注意这些调整孔没有螺纹。

　　④用手反向转动采棉滚筒(用开口扳手转动脱棉盘轴)。

　　⑤如果异物仍不能松开,则给摘锭座管施加机械力反向转动采棉滚筒。

　　⑥清洁并检查采棉头。

　　⑦修理采棉头损坏之处。

　　⑧重新安装,并调整所有拆下的零件。

　　如果清除堵塞物后离合器仍打滑,应检查是否堵塞,摘锭座管是否弯曲,脱棉盘是否未对正。

　　如果机器停在田间棉行中,再次采棉前,应操作风扇和采棉头直到所有棉花都脱离开摘锭和吸风门干净为止。

3.5.24　以线条模式操作采棉头

　　①将多功能控制手柄置于空挡位置。

　　②按发动机低速按钮,以低怠速运转发动机。

　　③使用扶手显示单元,以线条模式接合机。

> **提示:** 机器意外运动会造成严重的人员伤亡事故。检查并确认驻车制动器是否已接合在人工模式。

　　④按驻车制动器按钮,将驻车制动器接合在人工模式。检查并确认指示灯是否从闪烁变成稳定。

　　⑤打开盖板,并从采棉头的存放位置取出,线控开关关上。站在安全的地方。不要将拇指放在线控开关上。

> **提示:** 当站在采棉头顶部时,严禁操作系统。远离采棉头工作时的运动零件。如果人员跌落并被卷入采棉头运动的零件中,将造成严重的人员伤亡事故。必须检查使旁路线缆远离采棉头运动的零件。

提示: 由于座椅的安全互锁作用。因此,在使用线控开关操作时,必须清空座椅。

⑥站稳并与运动的零件保持一定距离,按下线控开关按钮。采棉头开始缓慢转动,并持续到按钮松开。

⑦检查后,松开线控开关按钮,并等待采棉头停下。

⑧将线控开关和线条放到 3 号采棉头中保存。关闭采棉头盖板。

⑨回到驾驶室。要退出线条模式,使用扶手操纵台上的选择旋钮,并选择 OFF 图标。按确认按钮。OFF 图标会出现在屏幕的左下角。

⑩按操纵台上的主菜单按钮,返回主页。

3.5.25　降下棉箱加长节和风道

①将机器停在水平面上,并将多功能控制手柄置于空挡位置。

②如配置有棉箱门加长节,则拆卸折叠翼加长节,并放置在存放位置。

③启动发动机,并以低怠速运转。

④按下棉箱加长节和风道升/降按钮的顶部,升高棉箱加长节和风道到最大高度。

⑤取出存放区的车载锁闩打开工具。

⑥将工具放在锁闩组件中,并向机器前方拉。

⑦取下工具,并将其放回存放位置。

提示: 可能会损坏棉箱和棉箱油缸。在棉箱不在操作位置或完全降低时,严禁操作机器。

⑧使用棉箱加长节和风道升/降按钮,降低风道和棉箱加长节。

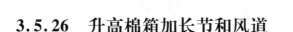

3.5.26　升高棉箱加长节和风道

如果棉箱触及高架电线,将造成严重的人员伤亡事故。在升高棉箱加长节之前,确信有足够的净空高度。

①将机器停在水平面上。

②发动机低怠速运转。

> **提示**:棉箱加长节开始升高到风道前面。

③按下并按住棉箱加长节和风道升/降按钮,直到棉箱加长节和风道完全升高。

> **提示**:可能会损坏棉箱和棉箱油缸。除非棉箱加长节四角都放在销上,否则严禁操作机器。

④降低棉箱加长节,直到棉箱加长节四角都放在角部销上。

⑤必要时,将采棉头的位置重新放置运输前的位置。

⑥取出存放位置的折叠翼加长节(如有配置),并安装在棉箱门加长节上。

3.5.27　牵引机器(发动机工作)

在变速器故障阻止机器以自身动力移动的情况下,牵引机器前必须手动松开驻车制动器。

如果发动机能启动和运转并为驻车制动器阀提供液压,可使用下列程序:打开驻车制动器牵引(释放)模式。打开牵引模式后,手动和自动模式仍有效。但是,释放模式将松开驻车制动器,确保变速器动力不会被锁止,并且与多功能控制手柄的位置以及任何故障状况无关。

驻车制动器由扶手操纵台上的驻车制动器按钮控制。在第 1 次按下驻车制动按钮时,驻车制动器的模式从 ON 转换为自动模式。第 2 次按下后,则从自动模式进入 OFF 模式,再按下时返回到手动 ON 模式。牵引模式开启后,按下驻车制动按钮,这 3 个模式持续转换一个序列。循环关闭和开启点火电源,将关闭牵引模式。

提示:要求驾驶员将驻车制动器分离。离开座椅会使制动器重新接合。

提示:如果发动机无法启动,无法向驻车制动器提供液压分离作用,或故障导致驻车制动器无法分离,则要求使用机械方式开启牵引模式。

---

①按菜单按钮。

②使用选择旋钮,高亮显示信息图标并按确认按钮,信息中心屏幕出现。

③高亮显示诊断地址图标,并按确认按钮,设备选择屏幕出现。

④选中设备下拉列表框,并按确认按钮。

⑤使用选择旋钮,向下滚动并高亮显示设备标识符。按确认按钮,设备诊断地址菜单出现。

⑥高亮显示向下箭头,并按确认按钮,直到诊断地址 120 出现在屏幕上。

3.5.28　牵引机器(发动机非工作)

禁止用钢丝绳牵引机器。如果钢丝绳断裂,其来回振荡运动可能导致人员伤害。

禁止去掉锁片。去掉锁片将无法使用制动器。避免溜车造成撞伤。如果机器在斜坡上,卡死车轮前严禁分离驻车制动器。

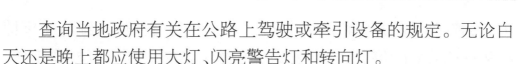

查询当地政府有关在公路上驾驶或牵引设备的规定。无论白天还是晚上都应使用大灯、闪亮警告灯和转向灯。

> **提示:** 避免碰到其他道路使用者和在公路上运行的其他慢行牵引设备。经常观察后方交通情况,特别是转弯时,用手势或转向灯作出指示。

只能在牵引需要的情况下,才能松开驻车制动器的机械锁。驻车制动器机械松开时,严禁操作机器。不需牵引时,必须使驻车制动器在其初始设置位置。

紧急情况牵引机器时的牵引时间不得超过 10 min,最高牵引速度不得超过 10 km/h。

如需牵引机器,执行以下操作:

①拆下变速箱两侧的放油塞。

②在原拆洗放油塞的位置插入螺栓和防松螺母。

> **提示:** 紧固防松螺母时,驻车制动圈将启动。紧固时,必须非常小心,切勿挤压驻车制动圈。

③慢慢并均匀地紧固锁母拉回驻车制动圈,使其达到底部并松开驻车制动器。

④除非法律禁止,否则使报警灯亮。

⑤将链条绕在主车桥上,向前牵引机器。必须确保链条不会损坏任何液压管路。驾驶员坐在驾驶员座椅上控制机器的方向。

⑥牵引完成后,拆下变速器两侧的凸缘螺钉和防松螺母。将前面拆下的放油塞安装回原位。

3.5.29　驾驶员在位系统

为了提高驾驶员的安全性,采棉机配备了被动式驾驶员在位系统,即只要采棉头一接合,系统就开始检测驾驶员是否坐在座椅上。如驾驶员离开座椅的时间超过 5 s,驾驶员在位系统将使采棉机和采棉头立即停止作业,发动机则继续运转。要恢复机器工作,则应返回座椅,并将液控手柄置于空挡位置。

> 提示:如果驾驶员在位系统不能正常工作,机器会意外停机或运动,可能造成严重的人员伤亡事故。

3.6　清洗系统

3.6.1　准备清洗系统

直接用脱棉盘清洁摘锭,会导致脱棉盘和摘锭严重磨损和损坏。摘锭应使用清洗系统来清洗,而不宜使用脱棉盘。

清洗摘锭时,需要具备以下条件:

①正确混合水和摘锭清洗剂或润湿剂。

②喷嘴规格适用于清洗液添加剂。

③合适的水压。

④定期使用大水冲洗系统。

⑤适当调节清洗盘柱。

3.6.2　寒冷天气下工作

在极端寒冷天气将采棉机留在室外,会损坏清洗系统。如果

需要在极端寒冷天气将采棉机留在室外,必须按照以下操作步骤:

①拆下滤清器,并打开阀门和采棉机左侧下方的 3 个排放阀,排放清洗系统液箱的水。

②更换滤清器,关闭排放阀,并在操作采棉机之前重新加满清洗系统。

清洗液泵工作时,清洗系统中如果没有清洗液,将损坏清洗液泵。

3.6.3　清洗盘柱

清洗盘和摘锭可能会严重磨损或损坏。清洗盘柱必须正确对正,以免损坏。为避免在装运过程中损坏,出厂前未设置清洗盘柱。清洗盘柱有两处需要调节:盘柱位置和盘柱高度。

3.6.4　检查清洗盘柱位置

清洗盘柱位置调节好之后,当摘锭离开清洗盘时,清洗盘的第一个翼片刚好能接触摘锭防尘护圈的前缘。顶部和底部的清洗盘设置位置应相同。

提示:清洗器盘在出厂时已设置为翼片与摘锭垂直。如果清洗盘安装后,翼片与摘锭平行,会导致摘锭和摘锭衬套严重磨损。

提示:在摘锭最深插入点,清洗盘的盘缘不应移到摘锭防尘护圈的一半以上位置。

3.6.5　调整清洗盘柱位置

要确保调节得当，清洗盘柱门必须关闭，手柄必须用锁闩锁紧。拆下待调节的清洗盘柱前面的检查门，查看清洗盘与摘锭的相对位置。

①旋转采棉滚筒，使摘锭转到刚好脱离清洗盘的位置。

②松开门锁闩限位器顶部和底部的有头螺钉。

③向内或向外移动门，使各个清洗盘的第一个翼片刚好对准相应的摘锭防尘护圈上的约一半位置。

a. 紧固有头螺钉。

b. 停机清洗盘柱。

3.6.6　使用大水冲洗系统

当观察到摘锭有积聚物时，为了尽可能少用清洗液，可按照以下的步骤启用大水冲洗系统冲洗摘锭：

①每次棉箱卸棉时，冲洗 10～15 s（正常作业条件下）。

②在一个地头上，冲洗 4～5 s（污渍顽固条件下）。

③在两个地头上，冲洗 4～5 s（污渍极端顽固条件下）。

> **提示：**在某些田间条件（如棉株绿色多汁）下，需要增加冲洗次数。采棉头和风机都处于运转状态，可踩下驾驶室地板上的大水冲洗开关。

在拐弯棉行冲洗且采棉头刚开始升高时，踩下脚踏板。拐弯开始到结束（4～5 s）松开踏板到一半行程位置。这样，使采棉头重新进入棉行前，多余的清洗液可被清除。采棉时，禁止在棉行中使用冲洗系统，以免导致堵塞。

3.6.7　清洁滤清器

系统主滤清器应每天一次或根据堵塞情况和需要,关闭阀门,拆下 100 μm 滤清器进行清洗。

3.6.8　清洗喷嘴

采棉头喷嘴滤清器的每个喷嘴都有一个滤清器,应每天一次或根据需要进行清洗。在更换或重新安装喷嘴总成时,不得过分紧固喷嘴,以免阻塞清洗液流量。

①从壳体上拧下喷嘴接头。

②需要检查喷嘴和滤清器滤网时,从喷嘴接头上拧下螺母。如果喷嘴或滤网堵塞,用水清洗。

③按照与分解时相反的顺序,重新组装喷嘴总成。

3.6.9　锭积聚物的解决方法

必须用清洗系统使摘锭保持干净、光滑。积聚物过多或发生摘锭缠绕,会导致清洗盘柱和脱棉盘损坏。

> **提示**:保持摘锭干净、光滑,所用的清洗液用量越少,杂物或泥土积聚越少。这样,可避免维护工作量过大。

只要检测到摘锭有积聚物,就必须在进行其他调节前先复查以下调节:

①初始调节检查清单。

②检查液箱混合比(一箱水用 15.6 L 摘锭清洗剂)。

> **提示**：如果观察到摘锭有积聚物，在继续进行前，先确认使用的是摘锭清洗剂和合适的喷嘴尖。检查并确认清洗盘柱位置和高度调整得当。检查并确认清洗盘未堵塞。

3.6.10 调节

①将一箱水的约翰·迪尔摘锭清洗剂用量从 15 L 增加到 18 L。

②每次棉箱卸棉时，使约翰·迪尔采棉机的大水冲洗系统工作 10～15 s。

③在棉间地头拐弯时，使用大水冲洗系统，让其工作 4～5 s，确保摘锭保持干净、光滑，无积聚物或缠绕物。

3.7　采棉头

3.7.1 调节采棉头倾斜度

采棉头非常沉重。如果采棉头意外运动或人员卷入采棉头中运动的零件中，将造成严重的人员伤亡事故。接近采棉头前，必须关闭发动机，并拔下钥匙。调整各个套筒螺杆，使前采棉滚筒在田间作业条件下比后采棉滚筒低 19 mm。这样，可使摘锭接触更多的棉花，并最大限度地使残余物从采棉头底部流出。销至销的初始

尺寸(B)必须为 584 mm。

> **提示**：务必均匀地调节两个提升梁。最终倾斜度的调整必须在棉行中进行，因为销到销的尺寸与棉床高度有关。

3.7.2　调整分禾器

分禾器可能严重磨损。尖头不能被调整至摘取低棉株和枝条上棉花所需的最低高度。分禾器可能损坏。链条位置必须在槽的底部，防止链条松动时导致分禾器尖头触地。

调整分禾器前，必须已正确调整好采棉头仰角和高度传感系统。

①调整尖头，使其高于分禾器加长板的底面 25 mm。

②只有棉桃位置较低或枝条密集和凌乱时，为不使棉花留在棉田中，才能将分禾器调至低于加长杆底面的位置处。如有这种情况，调整分禾器尖头，使其在擦地面位置而不能插入地中。在该设置位置，必须定期检查分禾器尖头金属耐磨板的磨损情况。

3.7.3　调整下棉株导向板和选装扶茎器杆

棉株导向板能拾起棉花并将棉花送入最接近的下摘锭位置处。在工厂，棉株导向板被安装在最高位置处。根据田间具体情况，可调整导向板位置，使它能最有效地将棉花送入最接近的下摘锭位置处。

①松开有头螺钉，并降低或升高棉株导向板。

②紧固有头螺钉。

③扶茎器杆(附属设备)可用有头螺钉与板安装。

3.7.4　调整压紧板弹簧弹力

轴受弹簧弹力作用。如果拆下凸缘螺栓,轴将快速自转和释放弹簧弹力。必须避免飞出的零件造成严重的人员伤亡事故,用扳手牢固地把持住轴的顶部,控制轴来释放弹簧的张紧力。

> **提示**:推荐的弹簧弹力适用于大多数作业条件,但可根据不同的作物和作业条件调整。弹力太大,则会敲掉绿色棉桃,导致棉箱中残杂物过多;弹力太小,则会在棉株上留下成熟的棉花。

3.7.5　第一次采棉

①用扳手紧紧把持住轴不动,拆下凸缘螺栓。

> **提示**:这些调整孔没有螺纹。

②旋转调节板直到弹簧刚好接触压紧板。固定架上的两个孔之一将与调节板上的一个孔对正。

③转动前,调节板到第 2 个孔(对多石田间条件为 3 个孔)。安装凸缘螺栓。

④转动后,调节板到第 3 个孔。安装凸缘螺栓。高棉株或非常密棉株(第一次采棉):

a. 将前压紧板调整至 1/2 孔。

b. 将后压紧板调整为 3 孔。

如果有太多棉花留在棉株上,应先紧固后压紧板。必要时,才紧固前压紧板。

如果棉株非常高或非常密,禁止使用刮棉板,特别是不允许用在前采棉滚筒上,否则将堵塞采棉头和损坏棉株。

3.7.6　检查脱棉盘高度

如果脱棉盘的调整位置过低,工作时将导致脱棉盘、摘锭衬套和齿轮严重磨损;如果脱棉盘调整位置过高,摘锭将不能正常脱棉。如果脱棉盘未正确调整,严禁使其工作。

为检查并确认脱棉盘高度调整是否正确,应执行以下操作:

①每次棉箱卸棉时,检查摘锭是否缠绕。

②检查并确保摘锭与脱棉盘之间有一点轻微阻力。

> 提示:调整脱棉盘柱高度前,检查并确认风力输棉和清洗系统正常工作,并正确使用清洗液。

3.7.7　调节脱棉盘高度(正常作业条件)

①转动采棉滚筒,直到采棉滚筒上的一行摘锭与底梁上的槽成一条直线。只有这样,才能保证脱棉盘与摘锭之间有合适的相对位置,才能适用于脱棉盘调节(所谓正确的相对位置,就是摘锭恰好位于脱棉盘前沿下方)。

②松开锁紧螺母。

③逆时针转动调节螺钉,直到脱棉盘柱能转动自如(直到摘锭刚好离开脱棉盘)。

④(适用于一般作业条件)来回转动脱棉盘的同时,顺时针转动调节螺钉,直到可感觉摘锭与脱棉盘之间稍有阻力。

⑤卡住调节螺钉不动,同时紧固锁紧螺母。

⑥每天至少两次检查脱棉盘高度的调节情况。

提示：只有脱棉盘间距相等，才能确定脱棉盘调节适当。如果磨
损造成间距不相等，应拆下脱棉盘柱研磨；如果脱棉盘能接
触摘锭螺母，需要对正脱棉盘柱。

3.7.8 调节采棉头传动皮带

①松开锁紧螺母。
②顺时针转动调节螺母张紧皮带。
③紧固锁紧螺母。

3.7.9 更换摘锭

如果采棉头落下或人员卷入采棉头中运动的零件中，将造成
严重的人员伤亡事故。在采棉头周围工作前，必须将采棉头下降
到最低位置或提升采棉头和下降到采棉头的安全挡块处。接近采
棉头前，必须将发动机熄火，并拔下钥匙。为防止圆锥齿轮过紧啮
合，摘锭必须有一定端部窜动量。

3.7.10 更换摘锭座管

①拆下紧固件和摘锭座管检修盖。
②用手转动采棉滚筒（用扳手卡住脱棉盘的上六方轴），直到
摘锭座管转到开口位置。

提示：可能会损坏摘锭座管。重新安装时，前后方形弹簧垫圈必
须安装到拆下时所在的采棉滚筒上。

③从摘锭座管轴颈的两侧拆下采棉滚筒头部螺栓和方形弹簧

垫圈。

④拆下两个枢轴柱螺栓。

> **提示：** 必须非常小心。塑料润滑脂密封圈必须安装到拆下时所在的摘锭座管上。

⑤从底部开始,将摘锭座管提着离开采棉头。

> **提示：** 可能会损坏摘锭传动齿轮。

⑥按照以下步骤安装摘锭座管总成：

a. 检查并确认塑料润滑脂密封圈已可靠定位在摘锭座管轴颈或采棉滚筒头处。

b. 检查并确认凸轮滚珠倒角朝上。

> **提示：** 如果从采棉滚筒上拆下了所有摘锭座管,重新安装全部摘锭座管但不紧固,然后紧固紧固件。

c. 按照技术规格要求的扭矩,紧固枢轴柱螺栓。

3.8　空气系统

3.8.1　调整输棉风机皮带和导带器

发动机处于运转状态且风机皮带接合后,必须防止人员被卷入,避免造成严重的人员伤亡事故。在调节皮带前,检查并确认发动机已停止运转,驻车制动器已接合,且钥匙已拔下。

> **提示**：可能会损坏皮带。为了避免皮带过早磨损，必须使皮带保持合适的张力。

①接合风机传动。

②将钥匙开关转到 OFF（关闭）位置，并拔下钥匙。

③弹簧的端头必须与量规面齐平。

④使风机全速运转，将发动机转速降低，然后检查导带器和皮带。

⑤如果风机是在开关已分离情况下工作，则关闭发动机，然后调节惰轮联动装置。

⑥检查导带器销和风机皮带之间的间隙。皮带间隙应为 3 mm。如有必要，则松开有头螺钉，并旋转导带器进行调节。

⑦如果导带器销不垂直于风机皮带，则拆下导带器。根据需要加或减垫圈，正确定位导带器。

⑧松开各导带器上的螺母。

⑨将导带器和皮带之间的间隙调节到与技术规格相符。

⑩拧紧螺母。

3.8.2 安装新风机皮带

①启动发动机。

②在发动机低怠速运转时，接合风机。

③将发动机转速升至最大油门位置，并运转 3 min。

> **提示**：将发动机转速降至低怠速油门位置，然后接合或分离输棉风机；否则，会缩短皮带使用寿命。

④将发动机转速降至低怠速油门位置，分离风机。

⑤再重复步骤②—步骤④ 3 次。

⑥关闭发动机。

3.8.3　棉箱

操作棉箱油缸锁定阀。

> **提示**：棉箱沉重，一旦落下会造成严重的人员伤亡事故。棉箱在升起位置时，进入棉箱下方作业之前，务必将锁定阀接合到锁定位置，以免造成严重的人员伤亡事故。

只要棉箱在升起位置，就必须将锁定阀接合到锁定位置。降低棉箱时，人员与之保持安全距离，并将阀门手柄转到解锁位置。除非阀门已解锁，否则棉箱无法降下。

3.8.4　调节输送链张力

棉箱在卸棉位置时，为防止损坏链条轴承，应使链条刚好接触链条导向器。

如果链条失调，则按照以下步骤调节链条张力：

①松开锁紧螺母。

②均匀拧紧或松开输送器轴端上的调节螺母，使链条张力达到要求。

③将锁紧螺母拧紧到槽钢上。

对其他输送器轴上的其余链条，重复上述步骤。

3.9　底　盘

3.9.1　检查稳定器油缸功能

提示：在开始检查前,检查并确认轮胎充气压力符合要求。同时,右侧驱动轮已适当配重。

按照以下步骤检查稳定器油缸功能：

①将采棉机开到一个坚硬、平坦的地面上。

②在左前导向轮下方放置一块 200 mm×200 mm 的垫木。

③将棉箱升起30°,以接合阀。

④驾驶采棉机慢慢在垫木上移动。

⑤测量稳定器油缸活塞杆的外露长度。

⑥驾驶采棉机离开垫木,并将棉箱下降到底。

⑦再次测量稳定器油缸活塞杆的外露长度。

⑧如果油缸活塞杆的收缩超过 6 mm,说明系统工作不正常。出现这种情况的原因,可能是阀门和联动装置调节不当,或稳定器油缸中有空气。

⑨如果油缸活塞杆收缩长度不超过 6 mm,说明系统工作正常。

3.9.2　调节稳定器油缸阀门和联动装置

①检查并确认聚乙烯导向板没有过度磨损。根据需要,予以更换。

②将棉箱降到底。

③松开锁紧螺母。

> **提示:**螺纹至少应拧入球窝接头内 3 整圈。如果枢轴臂刚好接触阀销时螺纹拧入量不足 3 整圈,则向下移动阀门,从而允许促动杆进一步拧入球窝接头中。螺纹最多拧入 16 整圈,直到促动杆底部从球窝接头露出。如果促动杆底部从球窝接头露出,而枢轴臂仍然接触不到阀销,则向上移动阀门,使枢轴臂能接触阀销,而无须到达螺纹端头。

④将促动杆拧入或拧出球窝接头,直到枢轴臂刚好离开阀销的顶部。

⑤紧固锁紧螺母。

⑥调节锁紧螺母,使簧圈之间的间隙符合技术规格要求。

⑦使棉箱升高约 102 mm(足以促动阀门联动装置即可)。阀销应到达最底部(阀销应露出约 5 mm)。

⑧重复进行稳定器功能检查。

3.9.3　给稳定器油缸放气(需要两个人合作完成)

在放气过程中,务必有一个人在驾驶室中,并且时刻注意另一个人的动作。采棉机很重,意外移动会造成严重的人员伤亡事故。检查并确认变速杆是否挂在空挡。将棉箱锁定阀置于锁定位置。

提示： 继续进行前，参见检查稳定器油缸功能部分。

①拆下阀组与油缸之间软管上的卡箍。

②拆下固定阀组的螺栓，并将其置于机器机架上。

③将一个 200 mm 垫木安放在右后车轮下，这会使油缸活塞杆伸展，将空气和液体排向油缸。

④拆下车桥处的油缸活塞杆销。

⑤在发动机关闭时，松开油缸顶部的放气螺钉并连接一根管，使油和空气都排入一个容器中。

⑥将活塞杆在油缸中推到底，迫使油缸中的油和空气排出。紧固放气螺钉。

⑦启动发动机，转动搅龙地板开关，向伸展油缸的系统提供压力。关闭发动机。

⑧重复步骤⑤—步骤⑦，直到油流出放气螺钉。

⑨重新安装油缸活塞杆销。

⑩将阀重新安装到机架上，检查并确认联动装置的调整情况。

⑪启动发动机，将棉箱升高 30°，以接合阀。从右侧拆下垫木块，然后置于左后轮的后面。

⑫翻动垫木块，检查并确认稳定器油缸能防止车桥旋转。

⑬如果油缸不能防止车桥旋转，则再次执行放气过程。

3.9.4   调节棉箱油缸

放完了系统中的空气后，如果棉箱一端先升高，则先调节该端油缸。这样会平衡棉箱向上的力。调节油缸使棉箱降下后由棉箱支承架支承而不是由油缸悬挂着。禁止缩短油缸，使油杠支承在棉箱支承架时直接降到棉箱上。

3.10 发动机和传动系

3.10.1 禁止改动燃油系统

附件传动皮带有自动张紧器,无须调节。

①需要更换附属设备传动皮带时,用一个 1/2 in（1 in =
2.54 cm）扳手卡住张紧器,并逆时针转动张紧器支臂。

②从传动皮带轮上拆下皮带。

③释放扳手的张力,并从交流发电机和空调压缩机皮带轮上
拆下皮带。

④按照与拆卸时相反的顺序安装新皮带。

3.10.2 更换初级燃油滤清器/油水分离器

①彻底清洁滤清器滤芯的外部和安装座部位。同时,还要清
洁滤清器,并安装部位。

> 提示:一边旋转一边升高挡环,使挡环通过定位部位。

②逆时针（向左）旋转挡环1/4 圈。连同滤芯一起取下挡环。

③从滤芯上拆下油水分离器。首先排空油水分离器的水,然
后清洁。用压缩空气吹干。

提示：滤芯上的定位键用来保证过滤器与安装座对正。

④将油水分离器安装到新滤芯上。

⑤对正滤芯，使较长的垂直键指向远离发动机的方向。将滤芯插入安装座中，并将其插紧。为了对正，可能需要转动滤清器。

⑥将挡环安装到安装座上，检查并确认防尘密封圈已固定在滤清器座上。紧固挡环，使它锁定到锁定位，并听到"咔哒"声。

⑦给燃油系统放气。

3.10.3 排空燃油精滤器／油水分离器

①彻底清洁燃油滤清器的外部和安装座部位。同时，还要清洁滤清器，并安装部位。

②拧下排放塞。

③通过油水分离器排，放干净滤清器中的水和沉淀物。

提示：不拧上排放塞，会导致油箱排空。

④如果只是排放，此时重新拧上排放塞。如果需要更换滤清器，则继续进行下一步。

⑤逆时针（向左）旋转挡环1/4圈。连同滤芯一起取下挡环。

⑥在安装新滤芯之前，检查并确认密封表面干干净净。

提示：密封表面有任何污物或受到污染都会被带入喷油系统中，这会导致喷油泵或喷嘴严重损坏。

⑦安装新滤芯。

⑧安装排放塞。

⑨拆卸出油软管。这样，在滤清器加注期间空气可逸出。

⑩当燃油开始从顶部接头部位流出时，则重新安装出油软管。

3.10.4　给燃油系统放气

在维护前,应关闭发动机,接合驻车制动器,并拔下钥匙。

更换滤清器或燃油用尽后,空气可能会进入燃油系统中。燃油系统中混有空气可能会使发动机无法启动。如果发动机无法启动,则应给燃油滤清器放气。

3.10.5　保养前置滤清器

前置滤清器是一种吸气器。它通过消声器产生的吸力工作。软管必须畅通,这样在工作时消声器才能产生吸力。

3.10.6　保养空气滤清器

空气滤清器属于标配件。当空气滤清器指示灯时,保养空气滤清器。每年至少更换一次空气滤清器滤芯。

3.10.7　加注冷却液系统

禁止将甲氧基丙醇防冻剂用于冷却系统或添加到含有防漏添加剂的冷却液中,否则会损坏发动机。

高压冷却系统液体突然喷出,会造成严重的烫伤。禁止提升棉箱来拧下散热器盖和检查散热器。棉箱沉重且落下会造成严重的人员伤亡事故。只能从棉箱内侧检查和拧下散热器盖。

如果必须拧下散热器盖,禁止在发动机尚未冷却时拧下。关闭发动机,等散热器盖冷却到可用手触摸。将盖慢慢松至第一个限位位置,释放压力后,再将盖拆下。

在发动机过热时,禁止加注冷却液,应等其冷却下来。在某些条件下,冷却液调节剂可能造成严重的人员伤亡事故。禁止吸入或咽下冷却液调节剂,避免接触皮肤或眼睛。添加冷却液调节剂时,必须遵守容器上标注的注意事项。

①如果排放过散热器或冲洗过冷却系统,需要在启动发动机前通过加注口颈给散热器加入指定的冷却液,直到液位达到上位置。打开加热器阀,并操作加热器。

②启动发动机,并怠速运转到节温器开启。

③用步骤①中指定的冷却液将散热器加满到加注口颈顶部。

④安装并紧固散热器盖。

⑤关闭发动机。

⑥再次将溢流罐液位加至上位置。

3.10.8 冲洗冷却系统

棉箱沉重且落下会造成严重的人员伤亡事故。禁止升起棉箱后,在棉箱下方拆卸散热器加注口盖或检查冷却液。

禁止在冷却液或发动机高温时,打开散热器盖。高压冷却系统液体突然释放,会造成严重烫伤。释放过高的压力时,务必慢慢松开冷却液泵排放阀和发动机缸体排放塞。冷却后,可直接将冷却液添至散热器中。

①拧下加注口颈。

②打开散热器底部的排放塞,排放冷却系统的冷却液。

③关闭排放塞,并用清水加注冷却系统。

④运转发动机,并达到工作温度。

⑤打开加热器开关,并一直加热到结束。

⑥关闭发动机,并在铁锈或沉淀物沉淀前排放冷却液。

⑦关闭散热器排放塞,并将清水与约翰·迪尔冷却系统清洁剂或其他等效品的溶液加注到冷却系统中。遵守清洁剂的使用说明规定。

⑧再次排空冷却系统。

⑨给散热器加注冷却液。

3.11　车轮和轮胎

3.11.1　检查轮胎

必须保持正确的轮胎胎压,防止损坏轮胎。外观检查各个轮胎,出现以下情况时,需考虑更换轮胎:

①胎面磨损。

②胎面磨损异常或不均匀。

③轮胎花纹处或侧壁处有突出物的气泡。

④胎面或侧壁有深及帘线的深裂纹或割口。

⑤轮胎多次出现不明原因的胎压下降现象,下降幅度超过额定压力 20% ,且不能通过修补排除这种胎压下降现象。

> 提示:轮胎暴露在阳光、臭氧和放电环境中,会导致轮胎裂纹或龟裂。如果裂纹扩展到帘线处,必须更换轮胎。应防止轮胎受到阳光暴晒或接触石油产品和化学品。谨慎驾驶,尽量避开石块和尖锐物体。

3.11.2　调节刮泥板（附属设备）

刮泥板用来防止采棉头提升油缸和采棉头压紧板上积聚泥土。其间隙大小取决于田间条件。在槽中上下移动刮泥板，可调节间隙。

3.11.3　调整前束

①拧下螺栓。

②松开卡箍。

③转动管使转向横拉杆伸长或缩短，以调节前束。

④拧紧卡箍螺栓。

⑤将转向横拉杆螺栓插入之前从中取下螺栓的那个孔中。如果前束调节到临近技术规格要求还不能插入该孔，则将螺栓插入下一组孔中，并再次调节转向横拉杆卡箍端。

⑥紧固螺栓。

⑦再次检查前束。

3.11.4　电瓶安全须知

电瓶中的气体容易爆炸。电瓶附近不得有任何火花和火焰。用手电筒检查电瓶电解液的液面。禁止将金属物跨接在接线柱上来检查电瓶的充电情况，应使用电压表或液体比重计。必须最先断开，最后连接接地（-）夹。

电瓶电解液中的硫酸是一种强酸，足以灼伤皮肤、腐蚀衣服。如果溅入眼睛，还会导致失明。

1）避免发生危险

①在通风良好的地方加注电瓶。
②戴上防护眼镜和橡胶手套。
③添加电解液时,应避免吸入电解液释放的烟雾。
④避免溢出或滴落电解液。
⑤按照正确的跨接启动程序启动。

2）如果酸液溅到身上或眼睛

①用清水冲洗皮肤。
②用小苏打或熟石灰中和酸液。
③用清水冲洗眼睛 10～15 min,并立即就医。

3）如果吞咽了酸液

①饮入大量清水或牛奶。
②饮入氧化镁乳剂、搅拌好的生鸡蛋或植物油。
③立即就医。

> 提示:电瓶电极、接线端以及相关附件含铅和铅化合物等化学物质,若接触,对人体有损害。接触电瓶后,应洗手。

3.11.5　保养电瓶

　　电瓶产生爆炸性气体,并含有强腐蚀性的硫 A 酸,它足以腐蚀衣物,并可能导致眼睛失明。电瓶保养不当,会造成严重的人员伤亡事故。如果没有保养电瓶所必需的工具、设备及经验,禁止自行保养电瓶。

提示： 电瓶为负极接地。必须将启动机电缆接至电瓶正极（+）端子，电瓶搭铁电缆接至电瓶负极（-）端子。电瓶或交流发电机电极接反，会造成电气系统永久损坏。正确维护电瓶对电瓶的可靠工作至关重要。电瓶液位务必与电瓶单元加注口颈底部齐平，不得低于电瓶单元隔板顶面。如果一定要在冰点以下环境中给电瓶加液，应使发动机运行 2~3 h，充分混合电解液。

用湿布擦净电瓶，保持电瓶清洁。所有连接部位必须干净、牢固。清除腐蚀点，并用小苏打水溶液清洗端子。连接电缆前，先涂上润滑脂。

3.11.6　电瓶充电

电瓶应保持充满的状态，特别是在寒冷天气条件下。

禁止给冻结的电瓶充电。首先在室温下解冻，然后连接到充电机上。只能在通风良好的地方给电瓶充电。在机器上给电瓶充电时，应先断开电瓶接线柱上两条电缆的连接。应确定哪个电瓶需要充电。从电瓶上断开两根电缆的连接，再将充电机的正极电缆接到"+"极接线柱，充电机的负极电缆接到"-"极接线柱上。

3.11.7　防止电瓶损坏

电瓶释放的气体有爆炸风险。电瓶附近不得有任何火花和火焰。应用手电筒检查电瓶电解液的液面。禁止将金属物跨接在接线柱上来检查电瓶的充电情况。应使用电压表或液体比重计。

断开连接时，必须先断开电瓶接地（-）卡箍；而重新连接时，必须最后一个连接接地卡箍。

　　将电缆连接到电瓶上之前,应检查并确认交流发电机接线正确无误。连接助力电瓶时,一定要确保极性正确。未连接交流发电机或电瓶情况下,禁止操作发动机。禁止短接电瓶或交流发电机端子,或使电瓶正极(+)电缆或交流发电机电线接地。切勿使交流发电机极化。在采棉机上使用电焊机之前,必须先断开电瓶电缆的连接。在低于 26 ℃ 的环境存放电瓶,保存期最长。电瓶存放后,应检查电瓶电压,并根据需要按照电瓶制造商的建议重新充电。

　　禁止放完电后再存放。存放时,不得上下叠放。

3.12　运输机器

3.12.1　准备机器以便卡车运输

　　应了解并遵守相关部门对公路上运输机器的规定。

　　由于机器大小的原因,必须拆下几个元件并使用另一辆拖车运输。因此,在使用卡车运输机器时,推荐使用以下步骤拆卸导管和采棉头等:

　　①拆卸机器中安装的所有灯和后视镜。

　　②断开每个采棉头上齿轮箱板上的所有驱动轴。

　　③拆下螺钉拆卸盖,以便更好地存取保留的固定件。

　　④断开采棉头和采棉头马达上的所有软管和线束。

　　⑤拆下卡箍中的所有连线和软管。

⑥将卡箍留在采棉头上,以备随后使用。

⑦在采棉头至机器中心之间排布所有连线和软管。

⑧从采棉头上拆下分禾器尖头。

⑨完全升起棉箱。

⑩从采棉头上断开风道的下段。

⑪拆下风道下段所有部分。

提示: 拆卸采棉头时,务必断开所有软管和连接器,确保不会损坏任何元件。

---

⑫拆下所有采棉头。

⑬将板固定到提升梁。

⑭使用固定件将齿轮箱和采棉头马达安装到固定板上。

⑮将90°接头固定到安装柱上。

⑯在与提升梁的中心之间留出连线和软管的松弛余量。

3.12.2 拆卸冷却装置门

①松开锁闩,并打开冷却装置门。

②拆下将门固定到梁上的固定件,并拆下门。

③用扎丝将门梁固定到机器上。

3.12.3 拆下双轮并调整导向轮

机器很重,如果下落和滚动则将造成严重的人员伤亡事故。必须将机器放在平整的水平地面上。接合紧急制动器,并拔下钥匙。采用最低提升能力22 680 kg的千斤顶。

轮胎和车轮总成很重且体积大。如果轮胎跌落,可能造成严重的人员伤亡事故。拆下或安装轮胎和车轮总成时,必须有适当

数量的人员和设备。

> 提示：不正确的提升可能损坏机器。千斤顶只能顶在机器的指定
> 位置。

①在支顶位置处提升前桥，并在机器下方放一个安全支架。

②拆卸外双轮总成。

③安装运输托架，并用双主动轮螺栓固定。

④用相同步骤拆卸机器另一侧的外双轮总成。

⑤将千斤顶放在十字轴的平面部位，一次支顶机器的一侧。将车轮安装到位，使轮距达到 1 930 mm。

⑥拆下快速锁定锁、销和装运支架。

⑦顺时针旋转装运支架，用销和快速锁定销保留在装运配置上。

⑧在机器的另一侧重复上述步骤。

3.12.4　排放液体

> 提示：清洗液泵工作时，清洗系统。如果没有水，将损坏清洗液
> 泵。在排空罐之后，一定要拆下清洗液泵皮带。

①排空清洗系统罐：

a. 取出排放盖，并将清洗液排至合适的容器中。

b. 打开排气阀。

c. 将进油阀转到打开位置。

d. 如果在冰冻天气运输机器，应拆下滤杯。将水排空，并装上杯。

②拆下清洗液泵皮带：

a. 松开凸缘螺钉。

b. 旋转泵总成，并拆下皮带。

③排空润滑油箱。

> **提示:** 燃油高度易燃。如果流出油箱的燃油发生燃烧,将造成严重的人员伤亡事故。加注燃油时,禁止吸烟或靠近明火。排空油箱后,再加油。加油前,必须关掉发动机。必须在室外给燃油箱加油。加油后,必须确保重新装上燃油加油盖和后滤网。必须清除溢出的燃油。

④打开排放龙头,将燃油排至合适的容器中,并关闭旋塞。

⑤给油箱添加约 2 加仑(1 加仑≈3.79 L)的燃油。

⑥如果存放机器过冬,则给燃油添加调节剂。

3.12.5 将机器装载到拖车上

①按原来装运的样子,在驾驶室外面重新安装后扶手和梯子。

②将棉箱降到平台上。

③将机器开到下拉式拖车上,并将前轮定位。

④用吊钩将天线固定在驾驶室顶上。

⑤用 76 ~ 102 mm 楔形木块固定好车轮。

⑥如果配置了灯栅,则将其固定到棉箱的顶部。

⑦将分禾器和下段风道放置在棉箱内。

⑧用油布盖住棉箱,防止导管被吹胀。

⑨用收紧带将上导管 1—2 固定在一起。

⑩用收紧带将上导管 4—6 固定在一起。

⑪将后胎的压力降到 138 kPa。

> **提示:** 由于机器质量不平衡,右侧必须先用铁链锁到拖车上,否则可能违背运输期间的高度规定。

⑫用铁链将右侧机器锁到拖车上。

第4章　采棉机的维护保养及故障排除

4.1　采棉机的维护保养

4.1.1　采棉摘锭和水刷盘的维护保养

采棉摘锭和水刷盘的维护保养如下：

1）摘锭的润滑

采棉时,摘锭高速运转,雾化器在水刷盘的上方不断喷出清洁液,液体通过水刷盘润滑摘锭,快速清除作物的污垢,并使摘锭保持光滑。

2）清洁摘锭和水刷盘

经过一天采棉,摘锭和水刷盘上会挂满田间杂物、污物,每日保养时必须打开压力板,使用雾化器喷淋摘锭和水刷盘。

3）检查润湿器柱高度

经常检查润湿器水刷盘磨损程度。如果磨损程度太大,就要调整润湿器柱。用扳手松开锁紧螺母,逆时针转动调节螺钉,减小润湿器柱的高度。

4）采棉头加注润滑油

在驾驶室将采棉机发动,处于怠速状态,接合润滑开关,采棉头接合手柄推到工作位置,将液压手柄放到注油工作位置。这时,下车到采棉头前,取出注油手动按钮盒,按下按钮,润滑泵开始工作。给采棉头注油的同时,采棉头也开始空转,观察采棉头的摘锭杆有无油流出。采棉头摘锭杆一定要出油才可下地工作。

5）检查油位和液位

每日下地前,检查油位和液位,做到及时加油、加液。

6）查看机油油位

从发动机拔出机油尺,上面有两个刻线,标准油位应在两刻线中间为最好。

7）查看柴油的油位

以油表指针读数为准。

8）查看液压油油位

液压油油箱上有个油标,油位保持在油标的 2/3 处为宜。

9）在看冷却液液位

冷却液液位应保持在冷却水箱的 2/3 处。

10）检查和清洁其他配件

检查和清洁采棉滚筒、吸入门的里面、清洁采棉头的内部、清洁机器散热器外表。按照严格要求，每卸棉 3 次，就清洁一次为最好。

4.1.2　采棉头部分

采棉头部分的维护保养及故障排除如下：

1）分禾杆要和连接板一起卸掉

它是使棉田撞落棉增加的一个主要原因。

2）禁止接合采棉头倒车

因为它是使摘锭非正常脱落的一个原因，也是摘锭座管及导向臂非正常磨损或断裂的一个主要原因。

3）调整湿润刷摘锭之间的间隙

调整摘锭与脱棉盘间隙的同时，必须调整湿润刷和摘锭之间的间隙。因为它是脱棉盘非正常过度磨损的一个主要原因。

4）牙嵌离合器频繁打滑或根本不打滑都是不正常的

因为前者是造成工效低及离合器片磨损的主要原因，后者是造成摘锭座管及摘锭断裂和齿轮与轴固定销断裂的主要原因。

5）联轴器必须联接牢固后才可旋转采棉头

因为这是造成联轴器及采棉头分动箱损坏的原因。

6）润滑脂和锂基脂 1∶1 配比的方法加注

采棉头分动箱用油可采用润滑脂和锂基脂 1∶1 配比的方法加注。

因为这是采棉头推齿箱降低磨损的最好办法。

7）清洗液的配比比例一定要按要求进行

因为这决定了携锭、脱棉盘、湿润刷及清洗液水泵的使用寿命，并对采净率有很大影响。

8）清洗液、润滑脂、液压油管路的装配固定位置要检查

因为有可能因磨损造成不必要的损失。

9）加厚仿形滑履

这是降低滑履磨损和变形的好办法。

10）压紧板弹簧要做防丢失处理

这是避免螺钉断裂、弹簧丢失的好办法。

11）传动轴联接位置应作记号

因为这是避免传动轴不平衡造成损坏的好办法。

12）脱棉盘总成拆卸时，不得动总成的装配角度

可避免造成脱棉盘总成过度磨损。

13）脱棉盘总成备件

这是提高工效的最好办法。

14）采棉头悬挂梁瓦盖及螺栓的检查

采棉头悬挂梁瓦盖及螺栓的松动和损坏将导致采棉头的严重损坏。

15）采棉头被缠绕的清除

①停止采棉头和风机的运动,将变速箱和液压控制杆置于空挡位置,踩下驻车制动器。

②检查溶液箱中是否有清洗液。

③用摇把松开采棉头的螺母,用扳手打开压力板,用刮刀刮除采棉摘锭上的缠绕杂物,直到完全清除干净为止。摘锭上缠绕物都是清洗液用量过少而导致的。

④调节湿润器柱的高度和位置。

⑤检查湿润器柱上的水刷盘,并清除上面的杂物。

16）出现采棉头堵塞的情况

当在田间采棉的过程中出现采棉头堵塞的情况时,应停机,并掏干净采棉头里的一切杂物。

4.1.3　驾驶台部分

驾驶台部分的维护保养及故障排除如下:

1）液压手柄空挡位置的调整及应急措施

液压手柄空挡位置是安全驾驶的主要因素。液压手柄空挡是指在无法准确调整或紧急状况时,可使用短接的处理方法,但一定要注意安全。

2）液压手柄包含了停车和刹车功能

不要试图只用脚刹车使行进中的采棉机减速和停车,液压手柄是减速、停车和刹车的最好工具。

3）液压手柄前进和后退的功能转换是一个渐进的过程

不要试图在很快的前进方向瞬间转向后退方向,这有可能导致液压泵及马达的损坏。如果液压油管爆裂,会造成严重事故甚至危及生命。

4）线控位置调整应结合液压手柄空挡位置的调整同时进行

液压手柄的空挡位置及线控位置,实际上是在协调液压手柄拉线的行程。

5）换挡杆的轻松与否与调整及使用同样存在密切的关系

使用拉线控制的换挡机构,拉线要有一个合适的位置和合适的角度。换挡过程中与液压手柄的配合使用非常重要。

6）采棉头接合手柄的使用也不可忽略

一定要避免采棉头的半接合状态的产生。采棉头接合的调整是对其拉线行程的调整,而正确使用采棉头接合手柄,还必须与液压手柄相配合。

7）油门手柄的检查和调整

油门手柄的自动回位问题,可通过调整解决,也可通过其他变通的方式解决。

8）方向机注意正确使用

液压转向应避免将方向转至最尽头。

液压转向转至最尽头,容易使转向机损坏。同时,因后桥材质,将承受几倍于正常的负荷。

9）驾驶室应保持清洁

驾驶室电控器件较多,灰尘将严重影响电器元件的寿命。同时,全车采用电控液压方式,会导致电气故障频发。

10）灯光的调整和检查

灯光的调整对安全驾驶和正常采收有很大的影响。可增加两个工作灯,以增强采收时的照明。

4.1.4　风运系统

风运系统的维护保养及故障排除如下:

1）风机张紧装置的检查与调整

因风机张紧装置的特殊性,故必须对张紧限位装置进行随时检查,并及时调整电动推动的起始行程。

2）风机注油要绝对保证

风机转速高,必须保证轴承不缺油,因高速黄油能很好地保证轴承的寿命。如果这一工作内容的缺失,对于采棉机来说将是致命的。

3）风机皮带的检查

风机皮带的过紧或过松都将导致皮带的过度磨损。因此,皮带松紧度的调整以及皮带托架的调整同样重要。

4）风管是否漏风

需要注意的就是风管是否漏风的问题。检查并及时处理,将大大提高采棉机的工作效率。

5）棉道和棉管是否有障碍要特别注意

这是棉花输送过程的顺利进行和采收过程中减少堵塞提高效率的保障。

4.1.5　棉箱

棉箱的维护保养及故障排除如下:

1）棉箱卸棉支点检查

卸棉支点位置螺钉是否松动、支点轴上的限位销是否完好是棉箱安全的保障。

2）输棉管延伸导轨的检查

及时清理将有利于棉箱延伸过程中输棉管的随动性。当然,变形的可能性是存在的,及时处理有利于避免输棉筒及导轨的损失。

3）棉箱是否变形的检查

这种结构的棉箱发生变形是不可避免的。利用 4 个角的固定点随时校正的方法是可行的。

4）压实搅龙的检查

压实搅龙驱动马达的限压调整的问题,注意棉箱中籽棉的盛

装量和压实搅龙的变形量。

5）链耙的检查和调整

链条的松紧度不合适,将直接导致链耙故障的发生。太紧使卸棉变慢,太松将导致链耙本身及相关部件损坏。

4.1.6　清洗液水路部分

清洗液水路部分的维护保养及故障排除如下:

1）清洗液水箱的检查和保养

清洗液水箱加注时,一定要保证水质,注意清理、清洗液水箱盖。

2）清洗液水泵的检查与保养

清洗液的配比比例是保证水系润滑的关键。水泵使用时,排气是避免水泵干磨、损坏的关键。

3）水路滤网的保养

清洗液水路滤网的及时清洁保养是保证水路正常畅通的关键。

4.1.7　润滑脂油路部分

润滑脂油路部分的维护保养及故障排除如下:

1）润滑脂箱的检查和保养

润滑脂加注时的防杂处理是减轻负荷并正常工作的必备

条件。

2）润滑脂泵的检查和调整

润滑脂泵离合器的检查是很有必要的。应及时进行润滑脂系出油口的排气检查。

3）无压力报警装置的注意事项

因无压力报警装置,故应及时观察润滑脂箱的油位。

4.1.8　三滤保养部分

三滤保养部分的维护保养及故障排除如下:

1）好的柴油

保证柴油品质,选用合适柴油标号,否则将造成油路堵塞和油泵损坏等。

2）柴滤的更换与保养

相对固定一个较短的更换周期,对发动机寿命和采棉机采收效率都会有很大的提高。油水分离器的保养和更换,同样要非常重视。

3）空滤的保养与更换

注意频繁清理可能造成的空滤失效。建议增加每年更换空滤的数量,并将内外空滤同时更换,以保证发动机进气的清洁和顺畅。

4）好的机油

好的机油能延长发动机的使用寿命,延长保养周期,节约保养

开支。注意黏度和级别的区别。

5）机油滤芯应随机油的更换而更换

机滤质量的好坏和机滤更换周期是否严格都将严重影响发动机的使用寿命。

6）好的液压油

液压油的润滑性能和黏度指标都严重影响采棉机液压件的寿命以及采棉机的低温性能。

7）液压油的更换

液压油的更换要严格按照厂家规定。其更换周期与采棉机液压系统的特性有关。两种液压油混合，原则上是禁止的。同时，还应考虑液压油品质和黏度相同的因素。

8）好的防冻液

好的防冻液将使采棉机的发动机得到充分的保护。应防止缸体水道锈蚀以及冬季发动机的损坏。

9）防冻液的更换

防冻液的更换要严格按照厂家规定。为延长发动机的寿命，可适当缩短更换周期，以保证防冻液对发动机的保护。

10）刹车油的问题

采棉机是非高速行驶设备，因其液压驱动的特点，刹车只在很少时间里短暂使用，又因刹车油用量很少而往往被忽略。但是，当发生液压油管爆裂等突发情况时，刹车就是非常重要的最后一道安全措施。

4.1.9　车架部分

车架部分的维护保养及故障排除如下：

1）发动机固定螺栓的检查

发动机固定螺栓松动将导致严重后果。

2）转弯半径应有所节制

转向掉头时的死角转向对转向桥的伤害是非常严重的。

3）稳定油缸的检查

稳定油缸的故障可能导致斜坡卸棉时侧翻，这是本身的设计问题，使其控制机构的可靠性较差。

4.2　采棉机的使用和调整

4.2.1　采棉机调试

采棉机采棉前，必须进行认真而仔细的调试，以免在工作期间出现故障。

1）采棉头高度调试

采棉头分为左框采棉头和右框采棉头两个部分。左框采棉头和右框采棉头可分别升起和下降,5 组采棉头整体高度根据棉株的高度做上升或降低调整。在驾驶室,驾驶员按左框上升开关,则左框采棉头升起;按下降开关,则左框采棉头下降。同样,按采棉头右框升降开关,则右框采棉头上升或下降。按采棉头整体升降开关,调整采棉头整体高度,以适应高低不同的棉株采摘需要。

2）压力板间隙调试

检查压力板的间隙,启动润滑系统,使采棉头缓慢旋转。如果摘锭顶部与压力板之间发生干涉、相互碰撞,则调整压力板拉杆螺母,保证压力板和摘锭的尖端之间的间距为 3 ~ 6 mm。间隙过大,会漏棉花;间隙过小,摘锭会在压力板上划出深槽,损坏部件,甚至摘锭与压力板的摩擦会产生火花,成为机器着火的隐患。因此,此间隙应经常检查调整。

3）压力板弹簧张力调试

通过调整调节板与支架上的圆孔的相对位置来实现,从旋转调节板直到弹簧刚好接触压力板开始,前采棉头调整为旋转调节板 3 个孔,后采棉头调整为 4 个孔,与支架上固定的孔对齐,插入凸缘螺栓。

调整时,应调整后采棉头上的压力板,只有在有必要时才拧紧前采棉头上的压力板。弹簧压力过小,采摘的棉花杂质少,但遗留棉增加;压力过大,采净率提高,但棉花杂质增加,且增加机件磨损,应根据棉花长势具体调节。

4）脱棉盘组高度调试

调整采棉滚筒的位置,直到采棉滚筒上的一排摘锭与底盘上的狭槽排成一条直线。检查脱棉盘组与摘锭之间的摩擦阻力,它们之间有一点轻微阻力为准。间隙不合适时,可松开脱棉盘柱上的锁紧螺母,调节脱棉盘柱上的调节螺栓,逆时针转动,间隙变大,阻力小;反之,间隙变小,阻力增大。在作业过程中,应根据摘锭的缠绕情况进行调整。间隙过大时,脱棉不彻底,摘锭上缠绕物增多,易堵摘锭;间隙过小时,会增加脱棉盘与摘锭的磨损,增加传动阻力。

5)湿润器柱位置调试

湿润器的位置应使摘锭脱离湿润盘时,湿润器衬垫的第一翼片刚好接触摘锭防尘护圈的前边沿,顶部和底部的湿润器衬垫应调整成一样。

旋转采棉滚筒,使摘锭调整到刚接触湿润器衬垫,松开顶部和底部的插销螺钉,向内或向外移动湿润器门直到每一个衬垫的第一个翼片在相应的防尘护圈的中间对齐,随后拧紧湿润器门锁紧螺钉。

6)湿润器柱高度调试

当摘锭穿过湿润器盘的下面,所有的翼片应稍微弯曲。对新的湿润器垫,靠近防尘护圈的翼片应比靠近摘锭顶部的翼片弯曲多一些。

松开锁紧螺母,顺时针转动湿润器柱高度调节螺钉,以抬高湿润器柱;逆时针旋转,以降低湿润器柱,最后拧紧锁紧螺母。

7)清洗液加注与压力调试

水与清洗液的配比为100∶1.5,即100 L水兑清洗液1.5 L,充分混合后即可加注。清洗液压力显示读数为80~120 Pa。若要提升压力,则按开关的"+"键;若要降低压力,则按开关的"－"键。

棉花较湿时,则降低压力;棉花较干时,则提高压力。每次在加注清洗液或发现压力调节不正常时,应及时清理清洗液滤清器和喷头内的过滤网及喷头。

8)棉箱倾倒调试

采棉机下地前,必须调试棉箱升降和倾倒的灵活性,以免出现故障,影响采棉进度,造成损失。驾驶员按下棉箱伸展开关,棉箱伸展到倾倒的高度,按下棉箱倾倒开关,可将籽棉卸下棉箱,按下降按钮复原。

9)分禾器调试

当棉田棉株的株行距变化时,要对分禾器的宽度进行调整。分禾器是由铁链条联接的,调整时松开铁链,用力向两边分开或推进,调整到与棉田株行距一致即可。

4.2.2 作业前准备

满足以下工作条件时,采棉机才能正常工作:

①为提高采净率和减少棉花的含杂率,脱叶催熟剂必须在采收前 18 ~ 25 d 使用,且适宜气温一般为 18 ~ 20 ℃。

②采棉机适应宽窄行或单行棉花的采收,相邻窄行中心距为 90 cm,窄行宽度不大于 14 cm。

③待采棉花的最低棉铃离地高度应大于 18 cm,株高一般控制在 65 ~ 80 cm,否则会产生漏采。

④经喷洒落叶剂的棉花,采摘棉花落叶率应在 94% 以上,而棉桃的吐絮率应在 95% 以上,否则棉花含杂率高。

⑤棉花的含水率一般在 15% 左右较为适宜,株高在 80 cm 以下。

⑥待采的棉花在棉株上应无杂物,如塑料袋、地膜和塑料条

等,否则影响棉花质量。

⑦待采的棉田中,应无落地棉,或落地棉较少。

⑧彻底清除田间残膜。

⑨待采棉田一般应无较高的杂草,杂草高度应在 15 cm 以下,否则影响采棉机的采收作业。

⑩待采棉花应生长状况良好,无倒伏现象。如果倒伏,将严重影响采净率。

⑪机采前,应对田边地角机械难以采收但必须通过的地段进行人工采收。在宜于转弯及运输的地头进行人工采收,预留出机械运行行道。

⑫待采棉田的地面应平坦无沟渠,便于采棉机通过。

⑬桥梁、道路、田间、地头、地边,应按要求进行人工平整,使采棉机正常作业,提高工时利用率。

⑭采棉机和运输拖车以及辅助作业人员的配合是提高采摘效率、减少损失的必要保证。采棉机和运输拖车以及辅助人员配合得不合理,会造成采棉机工时利用率降低。采棉机工时利用率低的主要原因是卸棉时间过长。

4.2.3　作业前检查

作业前,应对采棉机进行以下检查:

1)检查采棉工作部件

采棉工作部件在规定范围内调整应自如,并能可靠地固定在所需位置上;采棉工作部件应做空运转试验,时间不少于 30 min,空运转期间应无异常;采棉工作部件仿形装置应反应灵活,无停顿、滞留现象;采棉工作部件升降应灵活、平稳、可靠,不得有卡阻等现象,提升速度不低于 0.20 m/s,下降速度不低于 0.15 m/s,静置

30 min 后,静沉降量不大于 10 mm。在运输状态下,升降锁定开关应锁定牢固。

2)检测采棉机卸棉性能

要求棉箱升降应平稳,无卡滞现象;棉箱压实搅龙工作应平稳可靠,并能保证棉花在棉箱内均匀分布,且不得有明显缠绕;卸棉时,棉箱输送机构应能顺利运转,无卡滞现象,输送链条的张力应适中,工作时无碰擦声,最大卸棉高度不低于 3.5 m,且保证正常卸棉。

3)检查采棉机液压系统

采棉机的液压系统各机构应工作灵敏。在最高压力下,元件和管路连接处或机件和管路连接处均不得有泄漏现象,无异常噪声和管道振动。

4)检查采棉机润滑系统

润滑系统油路应安装牢固,接口及管路无泄漏和阻塞现象;采棉工作部件应采用强制润滑装置,底盘系统应采用集中润滑。

5)检查采棉机电器系统

电器装置及线路应完整无损,安装牢固,不得因振动而松脱、损坏,不得产生短路和断路;开关、按钮应操作方便,开关自如,不得因振动而自行接通或关闭;发电机技术性能应良好,蓄电池应能保持正常电压;电器系统导线应具有阻燃性能,所有电器系统导线均需捆扎成束,布置整齐,固定卡紧,接头牢靠并有绝缘套,在导线穿越孔洞时应设绝缘套管。

6)检查采棉机制动系统

自走式采棉机应有独立的行走制动装置,以 75% 最高行驶速度制动时,制动距离不大于 10 m,且后轮不应跳起;自走式采棉机应有独立的驻车制动装置,驻车制动器锁定手柄或踏板必须可靠,没有外力不能松脱,并能可靠地停在 20% 的干硬纵向和横向坡道上。

7)检查采棉机灯光系统

自走式采棉机应安装上下部位前照灯、转向灯、示廓灯或标识、制动灯、倒车灯、警示灯、牌照灯、仪表灯、反光标志,且显示正常。其他灯系,如棉箱灯、卸棉灯、平台灯、驾驶室顶灯、手持式工作灯等,应工作正常。同时,可根据用户需要选装雾灯。

8)检查采棉机信号监视系统

自走式采棉机装有光声信号指示,监视系统(如转向、燃油表、水温表、电压表、机油压力警告灯、关机指示灯、倒车声响装置、慢速标识、回复反射器、棉箱满载光声提示信号等)应齐全,反应灵敏,工作正常。

9)检查采棉机排气防火装置

棉花是易燃品。自走式采棉机发动机排气管道应加隔热装置,且应装有火星熄灭装置,排气管出口处离地面高度不小于 1.5 m。

4.2.4 采棉机驾驶操作

驾驶操作人员按以下规定的操作规程驾驶采棉机进行采棉:

①旋转启动开关,启动发动机。将手油门移动到息速位置,让采棉头运转 3～5 min 进行预热。

②脚踩制动踏板,按风机接合开关,风机接合。田间作业时,为保证风力系统有足够的风量,应把手油门加大到最大油门位置,

使发动机转速达到额定转速。

③按下棉箱升降开关,把内棉箱升起。

④将采棉头控制杆向前推到头,接合采棉头摘锭旋转。

⑤在变速箱控制杆空挡位置时,慢慢推动液压控制杆,启动采棉头。

⑥调整方向盘到驾驶员舒适的位置,调整采棉头,使采棉头的分禾器对准棉株的行。采棉头的高度可根据棉株的高度升高或降低。

⑦操纵变速箱控制杆,挂第一挡进行作业。

⑧当棉花接近前网堆积到搅龙的压板时,脚踏启动位于驾驶室地面的压实器搅龙开关,压实棉花,充分利用棉箱的容量。

⑨当棉箱装满棉花时,降低发动机转速到怠速状态,关闭采棉头和风机开关,倒车使采棉机运行到运棉车的位置。停车后,按棉箱倾倒开关,将棉箱升起到最高位置,慢慢倾倒出籽棉,启动输送链板,将籽棉输送到运棉车里。卸棉后,按棉箱倾倒开关放下棉箱,使棉箱回到原位。

⑩当采棉结束后,停车,并踩下驻车制动器踏板,使采棉机停到规定的位置。

4.3　钵施然采棉机驾驶操作

4.3.1　发动机的启动

钵施然 4MZ-4A 型 4 行自走式采棉机扶手项目控制器的位置

如图 4.1 所示。

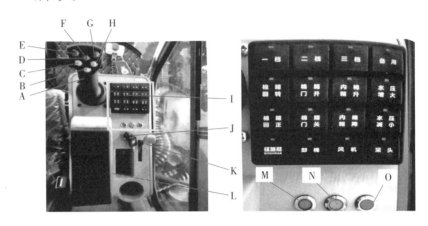

A—无级变速手柄	G—右采头升按钮	L—扶手箱检修盖	Q—倒车钮
B—左右采头同降按钮	H—右采头降按钮	M—等待灯	R—大水按钮
C—左采头降按钮	I—硅胶面板	N—警告灯	S—备用按钮
D,F—左右采头同升按钮	J—点火开关	O—故障灯	
E—左采头升按钮	K—手油门	P—绞龙按钮	

图 4.1 钵施然 4MZ-4A 型 4 行自走式采棉机扶手项目控制器的位置

①松开负载及拖动设备。

②移动无级变速手柄(A)到中位位置。

③将油门手柄(C)放至怠速位置上。

④将点火开关(B)转到"ON"(接通)位置。

⑤在钥匙开关处于"ON"(接通)和发动机未启动时：

a.显示屏上燃油余量指针应指示燃油实际油位处。应保证采棉机有充足的燃油。

b.系统电压应显示 24 V 稍多一点,进入正常范围。如果电压低,就说明电瓶充电不足,发动机可能很难启动。例如,电瓶不能正常充电。

⑥查看发动机转速。

a. 如果启动电机工作 30 s 以上,可能造成损坏。一次操作启动电机不要超过 30 s。如果发动机未能启动,至少要等 2 min 后才能重新启动发动机。

机油压力低或压力上升得太慢都可能损坏发动机。

b. 启动。在建立正常的发动机息速转速(900 ~ 100 r/min)前,不要加速到 1 000 r/min 以上。在正常环境下,机器不要在怠速状态下运行,以保护涡轮增压器。

c. 如果发动机运转在有负荷状态下被憋灭,应立即重新启动,以防止过热。

4.3.2　制动踏板的使用

为了能单独使用左右制动踏板,以帮助低速转向,将制动踏板固定销拔出解锁,转向时踩下与转向方向相应的踏板(仅限低速转向时使用)。

当采棉机高速行驶或不需要用制动器帮助低速转向时,将制动器踏板固定销插回,保证两个踏板同时动作。

4.3.3　变速箱挂挡

①启动机器后,一挡和二挡可在任意状态切换挡位。

②一挡和二挡切换三挡与三挡切换一挡和二挡时,操作如下:

a. 机器怠速在水平地面上停稳,液压手柄需要停在中位位置。

b. 按下需要切换的挡位(按下挡位后,默认 7 s 内再按挡位无效),直到换挡一个周期完成。

提示：

机器出厂时,已调校好挡位传感器位置,勿随意调整。

换挡过程中,有7 s电液控换挡过程,应耐心等待。

操作中,可能会因齿轮位置未对正而进行齿轮微转造成车辆微动,此情况属于正常情况。

田间模式不能激活三挡;三挡激活状态不能切换到田间模式。

提示：

一挡和二挡可在任意状态换挡切换。一挡和二挡切换三挡与三挡切换一挡和二挡时,换挡需要在平地停稳进行,液压手柄在中位,否则易发生打齿等情况。

田间模式中,仿行激活状态车辆无法使用倒挡。

4.3.4 发动机怠速

发动机怠速时间不宜过长。长时间怠速会使冷却液温度降到正常范围以下,也会使发动机曲轴箱机油变稀。由于燃烧不完全,在阀门、活塞和活塞环上会形成胶状物质。这些物质促使污垢在发动机内快速堆积,未燃烧的燃油残留在排气系统内。一旦发动机预热到正常工作温度后,怠速运行2～4 min。如果怠速超过5 min,关闭发动机,重新启动。

4.3.5 发动机熄火

①停止机器运行,使液压控制杆置于中位位置,变速箱控制杆置于空挡位置,接合驻车制动器。

②将手油门向后移动至低怠速位置,使发动机怠速2 min。

③降下采棉头。

④转动钥匙开关到关闭位置,拔下钥匙开关,关闭总电源开关。

⑤检查所有开关是否都关闭。

4.4　约翰·迪尔采棉机的驾驶操作

4.4.1　启动和热车

上车坐到座位后→系上安全带→操作手柄置于空挡位置→驻车制动器自动处于接合位置→风扇和采棉头开关必须确保在分离位置。

启动发动机和移动车辆时,先鸣笛,等待 15 s。确认安全后,再启动发动机。

旋转钥匙(见图 4.2)到启动位置→启动后,释放钥匙。如果没有启动着,再次启动前,需要等待 2 ~ 3 min,让启动马达有足够的时间降温。通过扶手台上的 3 个发动机转速按钮,控制发动机转速

图 4.2　约翰·迪尔 7660 型采棉机驾驶舱钥匙启动部位图

（乌龟按钮是低速，虚线兔子按钮是中速，实线兔子是高速）。当发动机处在低怠速手柄，一旦离开空挡位置，发动机转速会增加→发动机低怠速运行 2～5 min 进行热车→为了进一步热车，提升发动机和液压系统温度→接合采棉头和风扇→发动机置于高怠速→踩住地板开关，运行棉花输送带及打包系统 5 min 左右。

4.4.2　驾驶操作

如图 4.3 所示为约翰·迪尔 7660 型驾驶室操作台。驾驶机器前，确认周边具有足够安全空间→驾驶机器，按住采棉头升高开关→将采棉头升到最高→驻车制动器有两种操作模式→指示灯常亮，按一下驻车制动器开关→切换到自动模式→手柄置于空挡位置→驻车冷接合→指示灯闪烁→手柄离开空挡位置后，驻车会分离→机器开始移动。

图 4.3　约翰·迪尔 7660 型驾驶室操作台

田间公路模式按钮用来确定行进速度范围，共有 4 组数值范围。田间模式下，挡位为 1 和 2，提供两种收获数值范围；公路模式下，也有两种速度范围：操作手柄向前移动→离开空挡位置→机器则向前移动→握住操纵手柄，向后拉动（越过空挡位置），机器向后移动。

设定田间模式的最高行驶速度→按住对应的挡位，显示器会出现设置页面,旋转选择旋钮,可改变最大行驶速度设定值→点击接收按钮→关闭设置界面。采棉头与行进速度同步的范围为 0 ~ 7.1 km/h。

4.4.3　采摘

机器处于收获模式,发动机处于低速→按住风机开关往前推,接合采棉头→升高发动机转速到高速→挡位选择田间模式→驻车制动器处于手动模式→向前推动多功能手柄→采棉头开始旋转,机器处于静止状态,起初 30 s→手柄向前推 1/4 行程→逐渐向前推动手柄→提高采棉头转速→热车 3 ~ 5 min,为采摘做准备。

让驻车制动器处于制动模式会随着机器移动开始旋转→当机器到达地头→按住手柄上的下降开关→降低采棉头→一旦机器对准棉行,正常采棉花→按一下手柄上的自动模式开关→机器处于自动打包模式→按一下扶手台上的自动对行开关→再按一下手柄上的黄色按钮→以激活自动对行功能→自动模式下,棉包会自动打包→重复进行,缠膜自动进行→导航系统自动导航。

4.5　采棉机常见故障排除

4.5.1　采棉头部分

1)报警装置长报警

报警装置被调到无间隙了——重新调整。

报警装置线束短路——排除短路故障。

2）报警装置误报警

间隙调得太小或太大，造成不堵塞时间歇报警或堵塞时不报警——重新调整报警间隙。

4号堵塞5号报警，或5号堵塞4号报警——调换插头。

3）在采棉头负荷不大的情况下，传动轴转动而采棉滚筒不转

润滑脂黏稠使采棉头阻力增加——空挡无负荷空转后开始工作。

采棉头牙嵌离合器磨损过大——更换牙嵌离合器，重新调整报警装置。

采棉头惰轮下轴承座损坏——修理。

4）仿形不升不降不起作用

保险烧坏——找到原因，更换保险。

仿形阀损坏——更换仿形阀。

5）仿形只升不降

采收过程中，仿形滑脚被异物卡住——清除异物。

仿形高度调整弹簧调得太紧——调整弹簧。

单边下降——电磁阀长开，油缸泄油。

6）线控开关不起作用

操作程序不正确——正确操作。

采棉头后部的线束插头脱开——连接。

液压手柄线控位置开关损坏——更换。

液压操作手柄拉线与静液压泵联接螺钉松动——重新联

接螺栓。

7）采棉头锥齿箱发热

箱内油量不足——加油。

8）采棉滚筒离合器打滑

离合器棘爪磨损——更换离合器棘爪。

棉絮堆积在湿润盘立柱里——清洁湿润盘立柱。

摘锭座管弯曲——更换或者矫直摘锭座管。

采棉滚筒夹在底座上——清除障碍物。

脱棉盘太低——提高脱棉盘。参见相关操作手册。

9）采棉头输入离合器打滑

摘锭座管弯曲——更换或矫直摘锭座管。

油脂太硬——空挡运行采棉头。

摘锭被缠绕——清理摘锭。

合器棘爪磨损——更换棘爪。

离合器弹簧调整得不当——调整用垫片。

摘锭或摘锭座管轴承或者衬套卡——更换轴承或衬套。

脱棉盘太低——提高脱棉盘。参见相关操作手册。

10）采棉头不下降

高度感应滑板卡在上升位置——调整连杆以便滑板和连杆能自由移。

采棉头仿形阀卡死——调整或更换采棉头仿形阀。

电磁阀断电——检查是否短路,并且修理。

采棉头升降油缸的安全支架处于工作位置——提高安全支架。

电磁阀失效——检查电磁阀功能是否正常。

11）采棉头不升高

采棉头上的连杆不能关闭阀门——调整连杆或采棉头阀门的位置。

电磁阀断电——检查是否短路,并且修理。

液压油面太低——加油到正确的位置。

电磁阀失效——检查电磁阀功能是否正常。

4.5.2　发动机部分

1）发动机很难启动

液压空挡开关未被激活——与服务商联系。

柴油箱空了——加油。

燃油滤芯堵塞——更换。

电瓶输出过低——查看电解液液面高度和常用电瓶的比重。如果需要,应重新充电。

启动电路中电阻过大——清理和拧紧电瓶与启动机之间所有的连接件。

曲轴箱润滑油黏度太大——排干曲轴箱中的机油,并注入合适黏度和质量的机油。

用汽油代替柴油或使用其他不正确的燃油或旧油——排干原有燃油,注入适合运转情况的燃油。

手油门位置太低——少许向加油位置移动手油门。

燃油系统中混有水、异物或空气——排干,冲洗,填注燃油系统并放气。

油门连线太松或未正确调节——检查油门连线。如果需要,应适当调整油门位置。

喷嘴脏污或有毛病——与服务商联系。

启动继电器损坏——与服务商联系。

启动马达损坏——与服务商联系。

燃油关断阀损坏或相关线束损坏——与服务商联系。

燃油供油管——清理疏通油管。

手油泵损坏——检修或更换。

高压油泵损坏——检修或更换。

2）发动机消耗机油过多

机油泄漏或发动机过热——检查机油管线垫子和放油塞周围有无泄漏。

曲轴箱中的机油黏度太小——排干曲轴箱中的机油，并注入合适黏度和质量的机油。

进气系统受阻——检查空气过滤器，并清理进气道。

曲轴箱通风口软管阻塞——查找并清除阻碍物。

3）发动机消耗燃油过多

燃油牌号不合适——使用牌号适合当前运转工况的燃油。

空气过滤器阻塞或脏污——清理空气过滤器。

发动机过载——减少载荷。

喷嘴脏污或有毛病——与服务商联系。

4）发动机排放黑烟

燃油牌号不合适——使用牌号适合当前运转工况的燃油。

发动机不正时——与服务商联系。

空气过滤器阻塞或脏污——检查并清洗空气滤芯，确保过滤器芯清洁。

发动机过载——减少载荷。

消声器有毛病——检查消声器是否损坏导致背压。

喷嘴脏污或有毛病——与服务商联系。

燃油系统中混有空气——给燃油系统放气,并检查所有的连接件和油箱中的油量。

5)发动机排放白烟

发动机冷机——暖机直到发动机达到正常的工作温度。

发动机不正时——与服务商联系。

燃油牌号不合适——使用推荐十六烷值的燃油。

节温器有毛病或太冷或温度额定值不对——取出并检查节温器。

6)启动机转动缓慢或不转

电瓶输出过低——与服务商联系。

液压空挡开关没有起作用——将无级变速手柄放在中立位置。

线接头变松或腐蚀或电瓶连接松动——清理并将松动的连接件紧固。

启动电磁线圈有毛病——修理或更换线圈。

天气太冷——参见"操作机器"部分的"天冷时的操作"。

4.5.3 电瓶部分

1)电瓶不充电

电瓶有毛病——更换电瓶。

交流发电机的皮带变松——调整或更换。

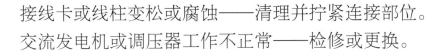

接线卡或线柱变松或腐蚀——清理并拧紧连接部位。

交流发电机或调压器工作不正常——检修或更换。

2）电压表指示电瓶电压过低（发动机不运转）

启动-停止操作过于频繁——让发动机运转的时间长一些。

电瓶有毛病——给电瓶再充电，或更换电瓶。

3）电压表指示电瓶电压过低（发动机运转）

发动机速度过低——提高转速。

电瓶有毛病——给电瓶再充电，或更换电瓶。

交流发电机有毛病——检修或更换。

皮带打滑——张紧皮带。

4）电压表指示电瓶电压过高

交流发动机的连接有问题——检查线路的连接。

调压器有毛病——检修或更换。

4.5.4　驾驶室空调故障

1）空调不能制冷

空气滤网脏污——清洁滤网。

过滤器脏污——清洁过滤器。

在侧部进气机盖滤网或散热器有杂物——清洁散热器滤网侧盖。

冷凝器散热片上有棉绒或脏物——用压缩空气清洁冷凝器散热片。

冷媒不足或特别少——添加冷媒。

压缩机驱动皮带松动——张紧皮带。

加热器处于工作状态——关掉加热器。

加热器管路交叉——检查并调整。

压缩机离合器不能接合——检查线路。

线路连接件松动——使接线牢靠。

温度控制开关有毛病——与服务商联系。

冷凝器过热——清洁冷凝器滤网、芯部和冷凝器的散热片;检查油路冷却器和散热器。

2)驾驶室中有奇怪气味

空气过滤器脏污——清理过滤器。

蒸发器盘脏污——清理盘和出口。

回水管路阻塞——清理回水管。

蒸发器外部出现烟气和焦油——清理过滤器。

3)冷却不好,同时又局部管路出现结霜和水珠现象

压缩机皮带打滑——更换皮带或带轮(如磨损)。

冷却剂不足——检查观察窗上有无气泡,系统有无泄漏。

冷媒管路受限或者阻塞——检修。

膨胀故障——更换。

加热器管路交叉——检修。

4)从蒸发器中吹出冰粒

控制面板上温度设置太低——调节温度控制器到一个较高温度的位置。

加压风机转速不够——提高加压风机转速。

5)膨胀阀发出咝咝声

冷却剂不足——检查观察窗上有无气泡,系统有无泄漏。

制冷系统受阻——检查软管有无打结。

6）电压表指针指在电压较低的红色区域

交流发电机堵塞——清除交流发电机滤网的外部和内部的垃圾。

交流发电机不能提供电能——在钥匙插上而发动机熄火状态下检查交流发电机紫色电线上的电压。

电气负荷过大——熄灭电灯,把鼓风机的速度降至中速或低速,清洗空气调节器的滤网、芯部和过滤器。

7）电压表指针指在电压较高的红色区域

交流发电机输出电压过高——检修发电机。

4.5.5　机载润滑系统故障

1）润滑系统指示灯不能正常工作

摘锭润滑脂箱空——加注。

摘锭润滑脂箱上的通气盖堵塞——清洁。

润滑泵皮带松或断裂——调整皮带张力。

电动离合器不能啮合——检查开关到泵的线路。

灯泡烧毁——更换。

电路连接不正确——检查并修理。

泵不转——与服务商联系。

抽吸管泄漏——拧紧接头。

过滤器堵窦——更换。

泄压阀卡在打开状态或断裂——与服务商联系。

2）润滑脂输送泵不工作

电线接反——将接反的电线正接。

润滑油黏度不合适和/或天气温度较低——使用合格的润滑脂。

泵与泵之间的连接有问题——修理或更换连接件。

软管卷曲或损坏——修理或更换软管。

4.5.6　棉箱升降故障

1）当下降时,棉箱延伸部分

网箱上的螺栓阻碍——将链耙导向装置调整到中心位置。

棉箱举升部分倾斜——升高棉箱举升部分,并使棉箱油缸恢复。

棉箱锁销未分离——去掉快锁销,将角部支承移到中心位置。重新安装快锁销使插销不能合上。

滑动面有摩擦力(链耙所在滑动面)——给链耙滑动导杆加润滑油。

在降下棉箱中前端盖连杆被卡住——在棉箱下降的过程中,去掉前端盖连杆。

2）棉箱升降太慢

控制阀上的孔被堵住——取下小孔并清理。

3）左前方棉箱锁销无法接合

棉箱升高不均匀——使用棒或锁撬棉箱举升部分的锁孔,以与锁销对准。

油缸不正常且棉箱倾斜——用提升机或其他提升机构来彻底升高棉箱,并使油缸恢复状态。

4)当降低棉箱时,输棉管不能正确地下降

在输棉管通道和驾驶室后面有碎片堆积物——清理水箱和驾驶室后面的区域。

在内外输棉管道之间有堵塞物——清洁。

输棉管卡在驾驶台上输棉管升降导轨上——在降低棉箱之前,将输棉管转起。

输棉管的锁定销接合——把销从孔中取出。

电磁阀断电——检查是否短路,并修理。

油面太低——加油到正确的位置。

电磁阀失效——检查电磁阀功能是否正常。

5)棉箱不升高

棉箱油缸锁止阀锁定——打开阀门。

电磁阀断电——检查是否短路,并修理。

棉箱延伸互锁开关故障——调整或更换延伸互锁开关。

电磁阀失效——检查电磁阀功能是否正常。

液压油面太低——加油到正确的位置。

6)棉箱不能均匀打开

油缸调节不正确——调节油缸。

油缸和转轴润滑不良——润滑油缸和转轴。

7)棉箱盖不能均匀打开

箱盖连杆没有连上正确的连接孔——装到正确的孔中。

4.5.7 风力系统故障

1）风机转速不显示

风机转速测速轮空转——固定测速轮。

2）风机接合后不工作

风机接合电机插头接触不良——调节。

操纵台开关装反/电脑板故障——调换位置安装/检修或更换电脑板。

风机接合开关损坏——更换。

3）风机电动推杆接合保险常烧

风机电动推杆卡死——润滑电动推杆轴承。

4.5.8 清洗系统故障

1）大水不正常

大水阀输入电源线被驻车磨损而短——排除短路故障。

大水阀水封损坏造成漏水——更换。

大小水管接反——调换大小水管。

大小水开关损坏——更换。

2）有水压但显示屏不显示

水压传感器及其线路损坏——修理电线/更换水压传感器。

3）水压调不高

进水滤网严重堵塞——及时清洗。

进水开关不能完全打开——检修进水开关。

水泵皮带松——调整。

4）水压调不低

回水滤网严重堵塞——及时清洗。

清洗液水箱底部回水口堵塞——清理/清洗回水口。

5）水压停止在一个数值，不变化

水压调节阀损坏——更换。

水压调节开关按钮损坏——更换。

水压调节阀供电电路线束插头松脱——检查连接。

6）喷嘴不喷水或喷水形状不正确

喷嘴或滤网堵塞——调整或清洗。

7）某个采棉头无水

采棉头 1 段水管可能折弯堵塞——检修。

8）整个水路无水压，水泵损坏

整个水路无水压，水泵损坏——更换。

4.5.9　制动系统

制动器无稳定的踏板感（发动机运转或停止时）：

系统中混有空气——排放制动器中的空气。

4.5.10 行走系统

1）不能行走

采棉机不能行走：

静液压泵内元件损坏——更换。

预防措施：使用无级变速控制，向前或向后推手柄时，动作不要过于太猛。

边减传动连接套损坏——维修或更换。

2）采棉头接合后线控开关正常但不能行走

变速箱液压空挡开关损坏或接头短路——更换或排除短路故障。

第5章 采棉机安全技术要求

5.1 采棉机作业安全技术要求

采棉机作业安全技术要求如下:

①非机组人员不得随意上机车进行作业(包括拉运棉机车)。

②机车行走运转前,必须发出行走运转信号。

③机车工作人员必须穿紧身工作服。机械在运转情况下,不得排除故障。非机组人员不得随意靠近运转的机组或爬上爬下机车。

④在作业区内任何人不得躺卧休息。

⑤作业时,严禁在收割台前和拖拉机前活动。

⑥采棉机在空运转或工作时,严禁排除各种故障。

⑦夜间工作机组必须有足够的照明设施。

⑧任何人不得在作业区内吸烟,夜间不得用明火照明。

⑨随车必须有防火设施。

⑩拉运棉机车上不得乘人,并注意行车安全。

⑪严防机车漏油或加油时洒油现象发生。

⑫在作业区内的任何人员必须服从机组安全人员对违反安全行为的劝阻行动。

5.2 采棉机防火安全技术要求

为加强采棉机作业时的防火安全管理,防止因管理不善、操作不当引发火灾,保证采棉机的消防安全,特规定如下:

①驾驶操作人员必须进行岗前技术培训和防火安全教育,提高其技术水平和防火安全意识。

②每台采棉机必须配一名专职消防安全员,全面负责采棉机的防火安全工作,适时检查作业时易发生火情的关键部件,及时发现火险隐患。及时清除采棉头内的尘土和棉杂,始终保持采棉机电器、液压和各关键部位的清洁。防止火灾事故发生。

③每台采棉机应配备不少于 4 具 8 kg 磷酸铵盐灭火器,用于初期火情的自救和控制。

④每个采棉作业区域内,配备至少 1 台经改装带高压泵的机动水罐车,水罐容量不少于 1 m³,停放在采棉机工作的棉田附近,以备灭火急用。

⑤当发现火情时,防火安全员应立即组织机车驾驶操作人员进行自救,并迅速指挥调动区域内的备用水罐车进行扑救。

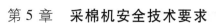

⑥严禁在采棉机上和拉运棉花的机车上吸烟,采收作业区内严禁吸烟。

5.3　跟机服务拖拉机的安全作业要求

跟采棉机拉水、拉油、服务的拖拉机,其安全技术及作业要求如下:

①负责采棉机每天采收作业的清洗拉水、拉油工作。

②负责并保证采棉机的消防用水。

③采收过程进行全程监控,杜绝残膜、异性纤维等混入,含杂率、采净率均应达标。不符合要求的,应立即查明原因,予以纠正。

5.4　田间管理技术要求

新疆棉花机械化采收技术改变了棉花传统种植和人工采摘的模式。机械化采棉技术的应用能很好地解决拾花劳力紧缺的问题,从而降低了棉花采摘的成本,棉花的生产效率和经济效益大幅提高。采棉机在田间机械化采收过程中,要加强田间管理,才能更好地顺利完成采摘任务。

机械化采棉时的田间管理工作主要考虑以下 3 个方面:

1）棉田方面

①棉田的棉花种植模式要根据采棉机的采收模式进行种植，棉田地面应保证没有沟渠，地面较平坦，并且没有较大的田埂，要将无法清除的障碍物处作出明显的标记，使采棉机便于顺利通过。

②采收前，需对棉花进行化学脱叶催熟处理，使采收的棉花脱叶率不小于95%，棉桃的吐絮率不小于95%，籽棉含水率小于12%，棉株上应无塑料残物、化纤残条等杂物。

③棉株生长最合适的高度应为65～70 cm。如果棉株生长得太低，会使棉铃产生过小间距，使采净率受到影响；如果棉株生长得过高，会造成棉铃成熟得较晚，而且浪费养分。由于采棉机的摘锭离地面是15 cm的高度。因此，棉株结铃的最低高度应略高于20 cm，防止籽棉中夹着地膜。

④棉铃应均匀分布在棉株高度范围内。双行合并采收，通常摘锭上下间距为4 cm，棉铃上下间距应为5～5.5 cm，避免一个摘锭同时采几朵棉铃，影响采净率。

⑤选择好品种、管理好控制好棉株高度及棉铃的间距，确保棉株不倒伏，避免减产、难以收获。

⑥在棉田中，应该为采棉机设置转弯带，防止采棉机在作业时碾压棉株、碰掉棉花，尽量减少棉花因采棉机转弯造成的损失。

2）消防和安全方面

①棉花机械化采收中，采棉机驾驶员严禁在采棉机驾驶室内吸烟，严禁在采棉机的采棉头上站人或坐人，高压线下严禁装卸棉花。

②采棉机作业时，消防水车要及时跟随，以便于随时应对突发火灾，同时要经常检查消防水泵等消防设备，田间地头要配备灭火器，确保采棉机正常工作。

③对采棉机车驾驶员、现场工作人员进行消防安全知识教育，杜绝在车辆 100 m 以内吸烟。

④晚间检查调整和排除故障时，严禁用明火照明。

3）采棉机自身方面

①采棉机必须报户挂牌，参加保险。各安全标志标在明显处。

②在保证高采净率同时，要将压茎板间隔调整适当，减少磨损和打火。

③非驾驶员不得随意上采棉机。

④升起棉箱时，棉箱与高压线应有足够的安全距离。

5.5　采棉机的安全管理

安全事故是指在日常工作、生活过程中，因管理者或当事人思想麻痹，管理不严，工作失职，违反纪律，没按操作规程办事而造成的人员伤亡和物资损失。加强安全管理工作的目的就是避免和减少事故发生。采摘棉花期间发生安全事故后，就会牵制并影响我们工作的顺利进行。它不仅造成财产的损失，而且分散人的精力、影响人的情绪，产生安全事故，具有不可低估的消极作用。为保护财产和保证人员的人身安全，保证机采工作顺利进行，安全生产必须放在第一位，同时做好预防。因此，要着手做好以下 3 个方面的工作：

①开采前的沟通工作。近年来，机采作业期间，发生过人员跌落受伤、堆垛的棉花地头着火、消防车配备不力及采棉机无法施救

等问题。为了做好安全采摘,有必要做好工作团队的相互协调,做好项目组的安全管理的协助工作,往拖斗里卸棉花要防止发生人员跌落受伤,协调团场连队签订拖斗上跌落无责的协议。地头堆放棉花时,防止发生堆放着火损失扎皮。驾驶员的安全意识要提高。

②驾驶员采棉前的安全教育管理工作。了解熟悉每个驾驶员的能力,严格遵守操作规程,不能违章作业。

③采棉机途中的安全管理工作:

a. 做好采棉机进地前道路勘察,确认采棉机的通过性能,确定机车行走路线。

b. 安排证照完备的驾驶员驾驶机车,不熟悉的驾驶员要了解其驾驶经历,保证机车安全驾驶。

c. 带队途中注意的问题:发现途中有障碍的路段,要安排专人指挥通过;到达目的地,要选择合适路段加油。

5.5.1 维护保养安全

保证机车的各项功能完好。

做好班次保养工作,防止机械事故。要求驾驶员每天完成看机油、液压油、冷却液,放出柴油油水分离罩杯里的水,查看停车场地上有没有泄露的液体,检查轮胎气压以及各转动部位的销子与螺栓。

①机油的多少问题。少了润滑不足,会发生拉瓦事故;多了有可能造成冲坏曲轴油封。油泵出现泄漏,或缸套水封损坏、汽缸垫子损坏,造成油底进水,同样会润滑不良,造成拉瓦。同时,必须关注机油的消耗量,计算燃油比确定发动机的技术性能。做好机油每天的检查,注意关闭好检查口,防止检查口松动窜油。

②液压油缺失问题,是否漏油。缺油造成局部液压件磨损过

热损坏。防冻液的检查,防止高温后造成散热水箱缺水。

③放沉淀杯里的水,防止油泵损坏。冬季检查车辆,发现有些车辆在更换柴油粗滤时,没有再次安装油水分离装置。因此,在春季检修时要安装上。采棉机油箱的容积大,每天工作结束停车时,车身温度较高,在冷却后油箱里会凝结一些水珠,如果没有油水分离装置,这些水珠就会随着柴油一起燃烧,会损坏柴油泵、活塞等发动机油泵组件。

④要求按 150～200 亩的作业量打一次润滑脂,保证每个采棉滚筒都有润滑脂冒出;采棉期间要检查注油的情况,必须保证运转部件不缺油。缺少润滑脂,会造成摘锭的早期磨损,损失很大,应引以为戒。

⑤用手触摸转动部位,有无过热现象,包括分动箱、后轮轴承、脱棉盘下轴承、变速箱部位、驻车制动鼓。

⑥听声音。若发动机声音异常,应立即停车检查,不能继续启动、继续作业。

⑦闻气味。行车过程中因局部过热会有烧蚀的气味。有异味时,应及时停车检查。

⑧看颜色、外观。检查机油、液压油时,观察颜色是否变化。若颜色突然变化,应立即停车检查故障原因。机油进水颜色乳化,液压传动部件烧蚀,液压油会变黑。检查发动机部位有无漏气、漏油现象。

⑨启动行走鸣笛、灯检、预操作。工作中,时刻注意观察仪表、机油压力表、电流表、工作状态报警仪表。改进误报警装置。

⑩勤检查,及时调整采收装置的相对间隙。检查各部位有无螺钉松动、切断脱落;棉箱脱落,掉到拉运拖斗里;棉箱翻转拉杆销子脱落,棉箱翻转变形。

⑪机车动态(包括滑行或者带挡行走)不可接合采棉头,接合采棉头不得倒车。地头休息停车或夜间停车放下采棉头,将车辆

停放在平坦的场地上,防止溜车。坡道不得换挡。

⑫轮胎气压。

⑬传动轴螺栓松动。

⑭联接锁销。

⑮关键部位黄油润滑。检查黄油管有无堵塞、断裂。

5.5.2　行车安全

学习并熟知交通法规,不要违章行车。

用驾驶操作规程来约束驾驶员的行为。强调道路行驶中机车作业的安全事项:行车起步前,先检查机车棉箱是否在运行状态,采棉头是否锁定,确保运行状态行车;行驶途中,注意避让危险,严禁超车,会车时减速行驶,较窄路面会车时停车让行;遇到特殊路段,要停车察看,确保安全的前提下行驶通过。作业期间始终以安全运行作为第一要求,在确保采棉机和人身安全的前提下实施采收作业。

①夜间行车的问题。

例如,一采棉机在回库途中被小轿车追尾相撞;在转移地块、公路调头时被拖拉机追尾相撞。这两起事故的发生,说明驾驶员在灯光的使用观察后视镜上存在问题,警示以及转向灯光没能引起后面车辆的注意,再就是灯光使用错误,打开了棉箱灯,造成后面车辆无法判断前车的行驶状况。

又如,一采棉机,20:00左右行车途中,将联通公司通信光缆挂断。驾驶员并不知道通信光缆被他驾驶的采棉机挂断,后来有人驾车追赶上他,他才知道所驾驶的采棉机通过的路段有光缆线被挂断。当时架线下垂,不足以通过采棉机,没有引起驾驶员的注意。第2天派出所调查发现,该采棉机棉箱上还遗留有光缆线的线卡子,确定是此机肇事。主要原因是灯光没有调整好,看不到架

空光缆,造成此事故的发生。事故发生后,联通公司要求赔偿直接损失 7 580 元及间接损失 6 999 元,共计 14 579 元的赔偿要求。再就是采棉机在回库的途中灯光不全。因此,需要检查车辆的灯光,必须保证示宽灯工作正常,尽量减少事故的发生。

②机车的转弯后轮导向的驾驶技术的提高。

例如,某团项目组车辆掉到路基下面,说明驾驶员驾驶车辆没有具备后转向车辆的驾驶技能,没有有效估计后轮的转向位置,驾驶员培训要制订驾车培训方案,加强后轮导向驾驶技能培训。

③会车的要求。

不能强行会车。例如,某项目组下点途中,在对方车辆停车后强行会车,1 号头侧板与对方车辆剐擦,造成梁架变形,车辆回厂换件。

④高度注意机车转移运行安全。

要求机车转移必须两名驾驶员同时在采棉机上,车长负责驾驶,副驾驶员负责查看路况。途中,有的电线的高度不足,如采棉机驾驶员没有注意到车顶上有电线,则容易造成事故的发生。如果有一名驾驶员负责道路观察,则可避免事故的发生。

⑤机采作业中,驾驶员应熟悉道路情况,如有的路段较窄,不能错开车辆的,就需要提前查看清楚,防止会车时出现剐擦事故。

5.5.3　针对驾驶员进行心理疏导

机车作业期间,如发现驾驶员心情浮躁,不能安心机采作业,要进行有针对性的谈话沟通,问明烦躁原因。为防止和减少事故发生,除驾驶员应调整情绪,保持良好的心理状态外,还应尽可能为驾驶员营造一个宽松的工作氛围,要求驾驶员必须按照安全操作规程操作采棉机。在机采作业期间,驾驶员普遍存在以下 8 个问题:

1）侥幸心理

一些驾驶员在行车中明明知道采棉机道路行驶禁止超车抢道，但只要没看到管理人员就大胆地朝前冲。有些驾驶员认为自己技术很过硬，冒险争道抢行，结果由于心存侥幸而发生车辆碰撞事故。例如，某项目组下点的途中，会车时驾驶员强行会车，把大梁挂变形。

2）逞强心理

这种心理状态在年轻人中较为普遍，喜欢逞强好胜，不愿意服输，常出现冒险行为。在行车中，容易被其他车长时间不让路和违章超车所激怒，因而做出危险的报复行为。

3）自私心理

这种心理在个别驾驶员中较为普遍。他们为了多赚钱，而对周围的事情漠不关心，只要多赚钱就行，从而忽视了安全。

4）恐惧心理

这种心理状态多数表现在新驾驶员中，如遇到复杂的交通路面或出现意外险情时，常常惊慌失措，不知如何处理，最后因处理不及时或措施不当而引发事故。例如，一凯斯采棉机着火之后，驾驶员不敢继续工作。

5）自信心理

驾驶员总感觉自己的驾驶技术高超，经常做出让人惊诧的举动。例如，喜欢超车、开快车和走危险路段等。同时，始终相信自己的判断和操作是正确的，最终因过分自信而出现差错。例如，某机车入库后，拖拉机尾犁把旁边的拖拉机轮胎割烂，车尾灯把电线

杆碰断。

6）贪婪心理

如果驾驶员思维方式存在片面性,则对金钱的追求欲望就更强烈。因此,在工作中常常出现疲劳驾驶、车辆带"病"作业等,这样就很难保证行车安全。例如,在机采作业中,水压不稳定,继续采收作业而发生着火事故;有些摘锭缠绕的棉花没有及时清理干净,则可能有摩擦着火事件的发生。

7）逆反心理

一些驾驶员在出车前或机采作业中,与家庭、单位或项目管理人员发生了矛盾,背上思想包袱或产生不良情绪,在这种情况下再去开车,就会出现逆反心理,行车中往往以各种不当行为来发泄心中的不满,粗暴地驾驶车辆,这样不安全因素就会增多。例如,在机采作业中发生了陷车事故,虽然之前都清楚陷车后不要再移动车辆,但驾驶员往往做不到,多次试图自己开出来,最后造成机车采棉头拖地变形。

8）懒惰心理

车辆不按期保养,驾驶员不爱学习,不愿意动脑筋。工作期间车辆出现故障时,不是想办法排除,而是开"凑合"车或打电话要其他人员来帮助。存在懒惰心理的驾驶员经常表现出反应迟钝、处事犹豫,遇到紧急情况无法应对。

5.5.4　驾驶员的人身安全

①在采棉头下面工作时,必须使采棉头完全升起并使用拉线降下油缸活塞杆支架上的安全支架。例如,驾驶员在采棉头下保

养,因采棉头液压管突然泄露,将在采棉头下保养的驾驶员头部压住,造成驾驶员严重受伤。

②当采棉机正在作业时,严禁对其进行润滑或调整。

③对采棉头进行清理堵塞前,必须先将发动机熄火并拔下钥匙,手、脚和衣服应远离运动零部件。只有在下列条件下,方可清除堵塞物:采棉头已分离;机械变速杆置于空挡位置;无级变速手柄置于空挡位置;驻车制动器已接合;发动机已熄火;钥匙开关已被拔下。

④当棉箱处于举升位置时,只有将棉箱锁定阀扳至锁定位置后,才能到棉箱底下去工作;当需降下棉箱时,要远离机器,并将锁定阀扳至解锁位置。如果锁定阀没有解锁,棉箱是不会降低的。

5.5.5　采收作业安全

①在副驾驶不熟练的情况下,不得单独驾驶采收。不可以天黑时一人驾驶采收作业;若驾驶员之间不和,往往会造成大事故。例如,主驾驶员一个采季都没有教会副驾驶,最后一块地交给副驾驶采收,后果可想而知。

②与服务单位协商条田安排采收计划。地头有障碍物的条田安排在白天采收,加大人工地头捡拾长度。

5.5.6　机车停放安全

对机车驾驶员强调安全停放的注意事项,下雨天,棉花采收和拉运工作全部暂时停止。要求负责人确定机车停放地点、安全停放的注意事项,确保机采期间机车的停放安全。

5.5.7　管理人员日常行车安全

开采期间,各类突发事件时有发生,要注意突然出现的紧急情况,不要开故障隐患车。平时注意约束自身行为,不得酒后驾车。

5.5.8　生产安全事故预防措施

机采作业是一年工作的关键环节,对提高机车的使用率、减少事故的发生尤为重要。在机采作业期间,以下 3 个客观事实是要面对的:

①采棉机车车身大通过性差。

②农田的道路情况和作业的条田环境复杂。

③对采棉机驾驶员不了解。

因此,在服务过程中,首先要解决的就是加强对驾驶员的安全教育,防患于未然,减少和降低事故的发生,保证采收工作的安全运行。一旦事故发生,则需要大家及时地去总结、去防范,杜绝事故隐患,降低事故率。因此,应培养心理素质、职业道德和驾驶技术都合格的驾驶员,以确保运行安全。

做到"三不伤害"(不伤害自己,不伤害他人,不被他人伤害)。

①做好机车的停放安全工作,驾驶员在服务期间始终保持负责的态度,管理看护好自己的机车机具。

②开采前,与各服务对象做到有效沟通,心中有数。

③充分了解驾驶员的技术能力,合理编组,合理安排作业片区。

④对不适合机采的条田,可以拒绝。

⑤对前期合同约定的地块,在运作时尽可能不再重新做机车调配计划,以保证项目有计划运作。

⑥不符合要求的驾驶员应及时辞退。

5.5.9　检修维护工作中的安全注意事项

修理农机时,要注意安全,防止压伤、烫伤、腐蚀、中毒、爆炸等意外事故的发生。

1)防压伤、撞头

修理中的农机车辆,必须用三角木塞牢轮胎。使用千斤顶顶起车辆后,还应加用支承工具撑牢。松开千斤顶前,注意观察旁边是否有人和障碍物。检修液压棉箱的管路时,要在升起的棉箱采棉头支承牢靠后进行。

2)防烫伤

修理运转中的发动机,应防止被高温气体,特别是排气管排出的气体烫伤。水箱水温很高时,不宜急于用手开水箱盖,以防被沸水冲出烫伤。

3)防腐蚀

配制蓄电池电解液,应使用陶瓷或玻璃容器。检查电解液高度和密度时,不要让电解液溅到衣服或皮肤上。

4)防中毒

修理期间需要经常启动发动机,有时频繁进行气焊、电焊作业,室内往往充斥大量废气。因此,必须保持修理环境中的空气流通,以免慢性中毒。修理操作结束后,把手、脸清洗干净方可饮食。

5）防爆炸

油箱、油桶焊补前彻底清洗干净,确认内腔无油气后才能施焊。此外,电瓶间应杜绝火星,防止蓄电池溢出的氢气和氧气积聚,遇上火花发生爆炸。

6）防火灾

修理汽油机时,不可出现明火。砂轮机附近不得搁置汽油盆。沾有废油的棉纱、破布等应及时妥善处理,不得乱丢。

7）防触电

电气设备要可靠接地,开关设备要高过人头。电线老化或损坏,应及时更换,以防触电或引发火灾。打磨、切割时的落料不得对着电线,并防止伤人。

8）防伤人

工具的使用要注意安全可靠,选择合适的扳手工具,防止工具打滑伤人。穿着合适的工装、手套、鞋子,防止在机车农具上滑倒。

安全事故预防管理是一项经常性、综合性的工作。有的事故隐患可能人们还没有认识到。因此,一定要有防范意识。

5.5.10　发生安全事故后的解决方法

1）火灾事故发生后的应急处理办法

①禁止在刮风时逆风卸棉,防止棉花或杂物被吹送到发动机舱中引发火灾。

②机采作业中,一旦发现焦煳味、异常声音、冒烟等火灾苗头

时,应立即断开风机、分离采棉头,将发动机熄火。首先从采棉头开始,然后是发动机和车架,逐一检查否存在发热点,消除火灾隐患;发现并确定着火苗头,立即用灭火器从采棉头开始,然后是发动机和底盘,对着火苗的基部喷淋。

③如经判断确实发现明火且棉箱也已着火时,在紧急分离风机后,应立即将采棉头升起再分离采棉头,并将采棉机迅速开往开阔地带或已收获完的地方,远离棉垛、枯草或其他设备,判明风向,顺风卸掉棉花,然后将采棉机开到安全地带,发动机熄火并接合驻车制动器,迅速对采棉机灭火。

④一旦发生火灾,不要惊慌,果断采取应急措施。采用消防水车喷淋灭火,控制火势后,不要急于翻动车体上堆积的棉花,容易造成复燃,再一次检查,并确认采棉机上火患完全消除,才可进行清理。同时,清理的棉絮杂物应远离采棉机和易燃物品,并将清理后的杂物掩埋。

⑤在扑灭棉花火灾时,一定要正确地使用灭火器,将灭火剂喷洒在火焰的底部;禁止用脚去踩踏灭火,任何火情都只能用灭火器进行灭火。

2)其他安全事故的处理方法

(1)发动机故障

机采作业过程中,机车如果发生故障,在发动机能正常运转的前提下,停车时应将采棉机保持在道路行走状态。如果需要将采棉机拖拉出作业区域,可采取断开最终传动联轴节,将后轮抬起进行拖拉。

(2)发生陷车事故吊采棉机

在驱动轮上安装吊装铁板,驾驶台和车体与吊装钢丝绳接触部位用垫木进行保护。驶出陷车区域时,需要专人指挥,防止猛打方向,损坏后轮转向机构。

5.5.11　明确赔偿责任，及时索赔，减少损失

作农机服务时，很有可能发生事故。若发生了事故，首先应给保险公司打电话，询问解决办法。

①案件情况要描述清楚。描述事故原因，是否在索赔范围。

②造成损坏设施的，要及时通知有关方及时施救。例如，撞断电线杆事故等。

③造成人员受伤的，要及时对人实施救治。

④道路行驶中的交通事故，要报交警部门。

⑤保险公司来到现场勘查时，要做一个事故的描述，要把每一件受损的事件描述清楚，三方当时拿出一个大致的赔偿方案。

⑥在实施理赔过程中，要及时与保险公司协商，应如何赔偿，以及以何种名义进行赔偿。

⑦在赔偿过程中，要善于交涉。达成一致意见后，应形成书面协议，进行赔付。

附 录

附录1　拖拉机和联合收割机驾驶证考试内容与合格标准

一、考试科目

拖拉机和联合收割机驾驶证考试由科目一理论知识考试、科目二场地驾驶技能考试、科目三田间作业技能考试、科目四道路驾驶技能考试四个科目组成。

（一）初次申领驾驶证考试科目

初次申领轮式拖拉机（G1）、轮式拖拉机运输机组（G2）、手扶拖拉机运输机组（K2）、轮式联合收割机（R）驾驶证的，考试科目为科目一、二、三、四。

初次申领手扶拖拉机（K1）、履带拖拉机（L）、履带式联合收割机（S）驾驶证的，考试科目为科目一、二、三。

（二）增加准驾机型考试科目

驾驶人增加准驾机型的，考试科目按初次申领的规定进行，但已经考过的科目内容应该免考。所有增驾均免考科目一；含 G1 增驾 G2 的，还应免考科目二、三；含 K1 增驾 K2 的，还应免考科目三。

二、科目一：理论知识考试

（一）考试内容

1. 法规常识

（1）道路交通安全法律、法规和农机安全监理法规、规章。

（2）农业机械安全操作规程。

2. 安全常识

（1）主要仪表、信号和操纵装置的基本知识。

（2）常见故障及安全隐患的判断及排除方法，日常维护保养知识。

（3）事故应急处置和急救常识。

（4）安全文明驾驶常识。

（二）考试要求

（1）农业部制定统一题库，省级农机监理机构可结合实际增补省级题库。

（2）试题题型分为单项选择题和判断题，试题类别包括图例题、文字叙述题等。

（3）试题量为 100 题，每题 1 分，全国统一题库题量不低于 80% 。

（4）考试时间为 60 分钟，采用书面或计算机闭卷考试。

（三）合格标准

成绩达到 80 分的为合格。

三、科目二:场地驾驶技能考试

（一）考试图形

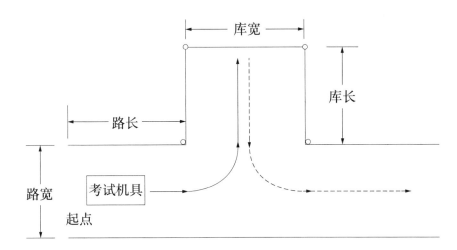

图例:○桩位;——边线;——前进线;----倒车线。

尺寸:

（1）路长为机长的 1.5 倍。

（2）路宽为机长的 1.5 倍。

（3）库长为机长的 1.2 倍。

（4）库宽为履带拖拉机、履带式联合收割机的机宽加 40 厘米;轮式联合收割机的机宽加 80 厘米;其他机型的机宽加 60 厘米。

（二）考试内容

（1）按规定路线和操作要求完成驾驶的能力。

（2）对前、后、左、右空间位置判断的能力。

（3）对安全驾驶技能掌握的情况。

（三）考试要求

手扶拖拉机运输机组采用单机牵引挂车进行考试,其他机型采用单机进行考试。考试机具从起点前进,一次转弯进机库,然后倒车转弯从另一侧驶出机库,停在指定位置。

（四）合格标准

满足以下所有条件,成绩为合格。

（1）按规定路线、顺序行驶。

（2）机身未出边线。

（3）机身未碰擦桩杆。

（4）考试过程中发动机未熄火。

（5）遵守考试纪律。

四、科目三:田间作业技能考试

（一）考试图形

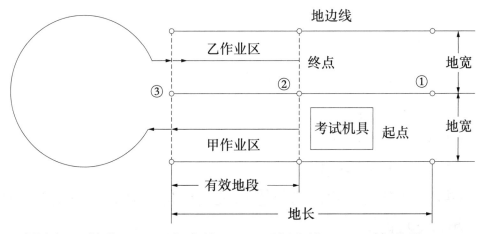

图例:○桩位; --- 地头线; —— 地边线; → 前进线。

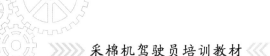

尺寸:

（1）地宽为机组宽加60厘米。

（2）地长为不小于40米。

（3）有效地段为不小于30米。

（二）考试内容

（1）按照规定的行驶路线和操作要求行驶并正确升降农具或割台的能力。

（2）对地头掉头行驶作业的掌握情况。

（3）在作业过程中保持直线行驶的能力。

（三）考试要求

联合收割机采用单机、其他机型采用单机挂接（牵引）农具进行考试。驾驶人在划定的田间或模拟作业场地，进行实地或模拟作业考试。

考试机具从起点驶入甲作业区，在第2桩处正确降下农具或割台，直线行驶到第3桩处升起农具或割台，掉头进入乙作业区，在第3桩处正确降下农具或割台，直线行驶到第2桩处升起农具或割台，驶出乙作业区。

（四）合格标准

满足以下所有条件，成绩为合格。

（1）按规定路线、顺序行驶。

（2）机身未出边线。

（3）机身未碰擦桩杆。

（4）升降农具或割台的位置与规定桩位所在地头线之间的偏差不超过50厘米。

（5）考试过程中发动机未熄火。

（6）遵守考试纪律。

五、科目四：道路驾驶技能考试

（一）考试内容

（1）准备、起步、通过路口、通过信号灯、通过人行横道、变换车道、会车、超车、坡道行驶及定点停车10个项目的安全驾驶技能。

（2）遵守交通法规情况。

（3）驾驶操作综合控制能力。

（二）考试要求

轮式拖拉机运输机组、手扶拖拉机运输机组使用单机牵引挂车进行考试，轮式拖拉机、轮式联合收割机使用单机进行考试。

考试可以在当地公安交通管理部门批准（备案）的考试路段进行，也可以在满足规定考试条件的模拟道路上进行。拖拉机运输机组考试内容不少于8个项目，其他机型不少于6个项目。

（三）合格标准

满足以下所有条件，成绩为合格：

（1）能正确检查仪表，气制动结构的拖拉机，在储气压力达到规定数值后再起步。

（2）起步时正确挂挡，解除驻车制动器或停车锁。

（3）平稳控制方向和行驶速度。

（4）双手不同时离开方向盘或转向手把。

（5）通过人行横道、变换车道、转弯、掉头时注意观察交通情况，不争道抢行，不违反路口行驶规定。

（6）行驶中不使用空挡滑行。

（7）合理选择路口转弯路线或掉头方式,把握转弯角度和转向时机。

（8）窄路会车时减速靠右行驶,会车困难时遵守让行规定。

（9）在指定位置停车,拉手制动或停车锁之前机组不溜动。

（10）坡道行驶平稳。

（11）行驶中正确使用各种灯光。

（12）发现危险情况能够及时采取应对措施。

（13）考试过程中发动机熄火不超过 2 次。

（14）遵守交通信号,听从考试员指令。

（15）遵守考试纪律。

附录2 拖拉机和联合收割机驾驶证管理规定

第一章 总 则

第一条 为了规范拖拉机和联合收割机驾驶证(以下简称驾驶证)的申领和使用,根据《中华人民共和国农业机械化促进法》《中华人民共和国道路交通安全法》《农业机械安全监督管理条例》《中华人民共和国道路交通安全法实施条例》等有关法律、行政法规,制定本规定。

第二条 本规定所称驾驶证是指驾驶拖拉机、联合收割机所需持有的证件。

第三条 县级人民政府农业机械化主管部门负责本行政区域内拖拉机和联合收割机驾驶证的管理,其所属的农机安全监理机构(以下简称农机监理机构)承担驾驶证申请受理、考试、发证等具体工作。

县级以上人民政府农业机械化主管部门及其所属的农机监理机构负责驾驶证业务工作的指导、检查和监督。

第四条 农机监理机构办理驾驶证业务,应当遵循公开、公正、便民、高效原则。

农机监理机构在办理驾驶证业务时,对材料齐全并符合规定的,应当按期办结。对材料不全或者不符合规定的,应当一次告知申请人需要补正的全部内容。对不予受理的,应当书面告知不予受理的理由。

第五条 农机监理机构应当在办理业务的场所公示驾驶证申领的条件、依据、程序、期限、收费标准、需要提交的全部资料的目录和申请表示范文本等内容,并在相关网站发布信息,便于群众查阅有关规定,下载、使用有关表格。

第六条 农机监理机构应当使用计算机管理系统办理业务,完整、准确记录和存储申请受理、科目考试、驾驶证核发等全过程以及经办人员等信息。计算机管理系统的数据库标准由农业部制定。

第二章 申 请

第七条 驾驶拖拉机、联合收割机,应当申请考取驾驶证。

第八条 拖拉机、联合收割机驾驶人员准予驾驶的机型分为:

(一)轮式拖拉机,代号为 G1;

(二)手扶拖拉机,代号为 K1;

(三)履带拖拉机,代号为 L;

(四)轮式拖拉机运输机组,代号为 G2(准予驾驶轮式拖拉机);

(五)手扶拖拉机运输机组,代号为 K2(准予驾驶手扶拖拉机);

(六)轮式联合收割机,代号为 R;

(七)履带式联合收割机,代号为 S。

第九条 申请驾驶证,应当符合下列条件:

(一)年龄:18 周岁以上,70 周岁以下;

(二)身高:不低于 150 厘米;

(三)视力:两眼裸视力或者矫正视力达到对数视力表 4.9 以上;

(四)辨色力:无红绿色盲;

(五)听力:两耳分别距音叉 50 厘米能辨别声源方向;

（六）上肢：双手拇指健全，每只手其他手指必须有 3 指健全，肢体和手指运动功能正常；

（七）下肢：运动功能正常，下肢不等长度不得大于 5 厘米；

（八）躯干、颈部：无运动功能障碍。

第十条　有下列情形之一的，不得申领驾驶证：

（一）有器质性心脏病、癫痫、美尼尔氏症、眩晕症、癔病、震颤麻痹、精神病、痴呆以及影响肢体活动的神经系统疾病等妨碍安全驾驶疾病的；

（二）3 年内有吸食、注射毒品行为或者解除强制隔离戒毒措施未满 3 年，或者长期服用依赖性精神药品成瘾尚未戒除的；

（三）吊销驾驶证未满 2 年的；

（四）驾驶许可依法被撤销未满 3 年的；

（五）醉酒驾驶依法被吊销驾驶证未满 5 年的；

（六）饮酒后或醉酒驾驶造成重大事故被吊销驾驶证的；

（七）造成事故后逃逸被吊销驾驶证的；

（八）法律、行政法规规定的其他情形。

第十一条　申领驾驶证，按照下列规定向农机监理机构提出申请：

（一）在户籍所在地居住的，应当在户籍所在地提出申请；

（二）在户籍所在地以外居住的，可以在居住地提出申请；

（三）境外人员，应当在居住地提出申请。

第十二条　初次申领驾驶证的，应当填写申请表，提交以下材料：

（一）申请人身份证明；

（二）身体条件证明。

第十三条　申请增加准驾机型的，应当向驾驶证核发地或居住地农机监理机构提出申请，填写申请表，提交驾驶证和本规定第十二条规定的材料。

第十四条 农机监理机构办理驾驶证业务,应当依法审核申请人提交的资料,对符合条件的,按照规定程序和期限办理驾驶证。

申领驾驶证的,应当向农机监理机构提交规定的有关资料,如实申告规定事项。

第三章 考 试

第十五条 符合驾驶证申请条件的,农机监理机构应当受理并在 20 日内安排考试。

农机监理机构应当提供网络或电话等预约考试的方式。

第十六条 驾驶考试科目分为:

(一)科目一:理论知识考试;

(二)科目二:场地驾驶技能考试;

(三)科目三:田间作业技能考试;

(四)科目四:道路驾驶技能考试。

考试内容与合格标准由农业部制定。

第十七条 申请人应当在科目一考试合格后 2 年内完成科目二、科目三、科目四考试。未在 2 年内完成考试的,已考试合格的科目成绩作废。

第十八条 每个科目考试 1 次,考试不合格的,可以当场补考 1 次。补考仍不合格的,申请人可以预约后再次补考,每次预约考试次数不超过 2 次。

第十九条 各科目考试结果应当场公布,并出示成绩单。成绩单由考试员和申请人共同签名。考试不合格的,应当说明不合格原因。

第二十条 申请人在考试过程中有舞弊行为的,取消本次考试资格,已经通过考试的其他科目成绩无效。

第二十一条 申请人全部科目考试合格后,应当在 2 个工作

日内核发驾驶证。准予增加准驾机型的,应当收回原驾驶证。

第二十二条　从事考试工作的人员,应当持有省级农机监理机构核发的考试员证件,认真履行考试职责,严格遵守考试工作纪律。

第四章　使　用

第二十三条　驾驶证记载和签注以下内容:

(一)驾驶人信息:姓名、性别、出生日期、国籍、住址、身份证明号码(驾驶证号码)、照片;

(二)农机监理机构签注内容:初次领证日期、准驾机型代号、有效期限、核发机关印章、档案编号、副页签注期满换证时间。

第二十四条　驾驶证有效期为6年。驾驶人驾驶拖拉机、联合收割机时,应当随身携带。

驾驶人应当于驾驶证有效期满前3个月内,向驾驶证核发地或居住地农机监理机构申请换证。申请换证时应当填写申请表,提交以下材料:

(一)驾驶人身份证明;

(二)驾驶证;

(三)身体条件证明。

第二十五条　驾驶人户籍迁出原农机监理机构管辖区的,应当向迁入地农机监理机构申请换证;驾驶人在驾驶证核发地农机监理机构管辖区以外居住的,可以向居住地农机监理机构申请换证。申请换证时应当填写申请表,提交驾驶人身份证明和驾驶证。

第二十六条　驾驶证记载的驾驶人信息发生变化的或驾驶证损毁无法辨认的,驾驶人应当及时到驾驶证核发地或居住地农机监理机构申请换证。申请换证时应当填写申请表,提交驾驶人身份证明和驾驶证。

第二十七条　符合本规定第二十四条、第二十五条、第二十六条换证条件的,农机监理机构应当在 2 个工作日内换发驾驶证,并收回原驾驶证。

第二十八条 驾驶证遗失的,驾驶人应当向驾驶证核发地或居住地农机监理机构申请补发。申请时应当填写申请表,提交驾驶人身份证明。

符合规定的,农机监理机构应当在 2 个工作日内补发驾驶证,原驾驶证作废。

驾驶证被依法扣押、扣留或者暂扣期间,驾驶人不得申请补证。

第二十九条 拖拉机运输机组驾驶人在一个记分周期内累计达到 12 分的,农机监理机构在接到公安部门通报后,应当通知驾驶人在 15 日内接受道路交通安全法律法规和相关知识的教育。驾驶人接受教育后,农机监理机构应当在 20 日内对其进行科目一考试。

驾驶人在一个记分周期内两次以上达到 12 分的,农机监理机构还应当在科目一考试合格后的 10 日内对其进行科目四考试。

第三十条 驾驶人具有下列情形之一的,其驾驶证失效,应当注销:

(一)申请注销的;

(二)身体条件或其他原因不适合继续驾驶的;

(三)丧失民事行为能力,监护人提出注销申请的;

(四)死亡的;

(五)超过驾驶证有效期 1 年未换证的;

(六)年龄在 70 周岁以上的;

(七)驾驶证依法被吊销或者驾驶许可依法被撤销的。

有前款情形之一,未收回驾驶证的,应当公告驾驶证作废。

有第一款第(五)项情形,被注销驾驶证未超过 2 年的,驾驶人参加科目一考试合格后,可以申请恢复驾驶资格,办理期满换证。

第五章　其他规定

第三十一条　驾驶人可以委托代理人办理换证、补证、注销业务。代理人办理相关业务时,除规定材料外,还应当提交代理人身份证明、经申请人签字的委托书。

第三十二条　驾驶证的式样、规格与中华人民共和国公共安全行业标准《中华人民共和国机动车驾驶证件》一致,按照农业行业标准《中华人民共和国拖拉机和联合收割机驾驶证》执行。相关表格式样由农业部制定。

第三十三条　申请人以隐瞒、欺骗等不正当手段取得驾驶证的,应当撤销驾驶许可,并收回驾驶证。

农机安全监理人员违反规定办理驾驶证申领和使用业务的,按照国家有关规定给予处分;构成犯罪的,依法追究刑事责任。

第六章　附　则

第三十四条　本规定下列用语的含义:

(一)身份证明是指:《居民身份证》或者《临时居民身份证》。在户籍地以外居住的,身份证明还包括公安部门核发的居住证明。

住址是指:申请人提交的身份证明上记载的住址。

现役军人、港澳台居民、华侨、外国人等的身份证明和住址,参照公安部门有关规定执行。

(二)身体条件证明是指:乡镇或社区以上医疗机构出具的包含本规定第九条指定项目的有关身体条件证明。身体条件证明自出具之日起 6 个月内有效。

第三十五条　本规定自 2018 年 6 月 1 日起施行。2004 年 9 月 21 日公布、2010 年 11 月 26 日修订的《拖拉机驾驶证申领和使用规定》和 2006 年 11 月 2 日公布、2010 年 11 月 26 日修订的《联合收割机及驾驶人安全监理规定》同时废止。

参考文献

［1］中华人民共和国国家质量监督检验检疫总局.棉花收获机：
GB/T 21397—2008［S］.北京：中国标准出版社,2008.

［2］多力坤·赛都拉.棉花生产机械化技术［M］.北京：中国农业
出版社,2014：125-149.

［3］刘旋峰,陈发,孙小丽,等.自走型梳脱式采棉机的设计与研究
［J］.农机化研究,2015（4）：99-103.

［4］窦赵明,陈发.基于 ANSYS 的梳齿式采棉机锯齿滚筒有限元分
析［J］.农业科技与装备,2014（1）：23-25.

［5］王祥明,胡龙,等.梳脱式采棉机采摘装置的研究［J］.新疆农
机化,2013（5）：36-37.

［6］韩玲丽,王学农.4MZ-3000 型自走式梳齿采棉机清花装置的实
验研究［J］.农机化研究,2012（7）：169-172.

［7］刘晓丽,陈发,王学农.4MZ-3000 型梳齿式采棉机梳齿部件的
结构分析［J］.新疆农业科学,2011.